建筑识图与造价快速入门丛书

房屋建筑识图

褚振文　编著

中国建筑工业出版社

图书在版编目（CIP）数据

房屋建筑识图/褚振文编著. —北京：中国建筑工业出版社，
2013.7
建筑识图与造价快速入门丛书
ISBN 978-7-112-15338-1

Ⅰ. ①房… Ⅱ. ①褚… Ⅲ. ①建筑制图 Ⅳ. ①TU204

中国版本图书馆 CIP 数据核字（2013）第 072314 号

本书上篇是识图理论，内容有：投影知识，常用建筑制图统一标准，建筑施工图，结构施工图，给水排水施工图，建筑电气施工图。下篇是实例导读。

本书在内容的编排上，既有识图理论知识，又有识图实际知识，具有以下特点：

1. 理论部分系统、简明。
2. 实际知识强调用立体图导读，辅以文字讲解，直观，易懂。
3. 能帮助读者在较短的时间内掌握建筑识图知识。

本书可供建筑类专科院校的学生用作教材，也特别适合作为读者自学用书。

责任编辑：封　毅　刘瑞霞　张　磊
责任设计：赵明霞
责任校对：王雪竹　刘梦然

建筑识图与造价快速入门丛书
房屋建筑识图
褚振文　编著

*

中国建筑工业出版社出版、发行（北京西郊百万庄）
各地新华书店、建筑书店经销
霸州市顺浩图文科技发展有限公司制版
廊坊市海涛印刷有限公司印刷

*

开本：880×1230毫米　横 1/16　印张：7¾　字数：230千字
2013 年 7 月第一版　2015 年 9 月第二次印刷
定价：**20.00**元
ISBN 978-7-112-15338-1
(23451)

目　录

上篇　识图理论

第1章　投影知识 ……………………………… 2
1.1　投影概念 …………………………………… 2
1.2　投影图 ……………………………………… 3
1.3　工程上常用的投影图 ……………………… 4
1.4　剖面图与断面图 …………………………… 5

第2章　常用建筑制图统一标准 ………………… 7
2.1　图纸规格 …………………………………… 7
2.2　图线 ………………………………………… 8
2.3　字体 ………………………………………… 8
2.4　比例 ………………………………………… 8
2.5　符号 ………………………………………… 9
2.6　定位轴线 …………………………………… 10
2.7　尺寸标注 …………………………………… 11

第3章　建筑施工图 ……………………………… 15
3.1　建筑施工图概述 …………………………… 15
3.2　建筑设计总说明 …………………………… 16
3.3　建筑总平面图 ……………………………… 16
3.4　建筑平面图 ………………………………… 17
3.5　建筑立面图 ………………………………… 20
3.6　建筑剖面图 ………………………………… 22
3.7　建筑详图 …………………………………… 23

第4章　结构施工图 ……………………………… 25
4.1　结构施工图概述 …………………………… 25
4.2　钢筋混凝土构件 …………………………… 25

4.3　钢筋 ………………………………………… 26
4.4　钢筋混凝土构件图示方式及内容 ………… 28
4.5　基础图 ……………………………………… 29
4.6　结构平面布置图 …………………………… 31
4.7　钢筋混凝土框架梁平面整体表示法 ……… 32
4.8　钢筋混凝土框架柱平面整体表示法 ……… 33

第5章　给水排水施工图 ………………………… 37
5.1　给水排水施工图概述 ……………………… 37
5.2　给水排水施工图的组成 …………………… 38

第6章　建筑电气施工图 ………………………… 40
6.1　建筑电气施工图概述 ……………………… 40
6.2　建筑电气施工图的组成 …………………… 40

下篇　实例导读

第1章　某三层住宅楼建筑施工图实例导读 …… 44
第2章　某三层住宅楼结构施工图实例导读 …… 66
第3章　某三层住宅楼给水排水施工图实例导读 … 93
第4章　某三层住宅楼电气施工图实例导读 …… 101
第5章　某三层住宅楼施工图配套标准图集（部分） … 110
附录1　常用建筑材料图例 ……………………… 116
附录2　常用建筑构造图例 ……………………… 117
附录3　常用结构构件代号 ……………………… 118
附录4　常用给水排水工程图例 ………………… 118
附录5　常用电气、照明和电信平面布置图例 … 119
附录6　常用电气设备文字符号 ………………… 119
参考文献 ………………………………………… 120

上篇 识图理论

第1章 投影知识

1.1 投影概念

1.1.1 投影

投影在日常生活中是常见的事。如太阳光下，在地面上放张桌子，桌子就有个影子落在地上，如果在地面上把这个影子画成图形，那么这样得到的图叫做投影图（图1-1），地面叫做投影面，照射光线叫做投影线。

1.1.2 正投影

投影线相互平行并且垂直照射于投影物体时，在投影面所得到的投影叫做正投影（图1-2）。建筑图都是利用正投影原理绘制的。正投影图的优点是能够准确地反映出建筑物的外形和尺寸，且作图方法简单。

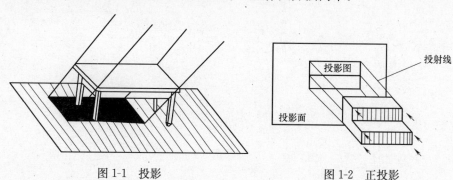

图1-1 投影　　　　　　图1-2 正投影

1.1.3 正投影基本性质

1. 可量性　平行于投影面上的直线或平面，则其投影反映的是线或平面的实长和大小，这一特性称为可量性（图1-3）。由于投影图上直接反映的是物体的实际尺寸，就确立了在工程建设中按图施工的理论依据。

2. 类似性　倾斜于投影面上

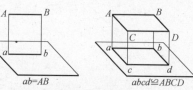

图1-3 可量性

的空间直线（或平面），则其投影形成的直线（或平面）比实长缩短或实形缩小，这一特性称为类似性（图1-4）。

3. 积聚性　垂直于投影面上的直线或平面，则其投影分别积聚为一点或直线，这一特性称为积聚性（图1-5）。

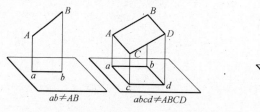

图1-4 类似性

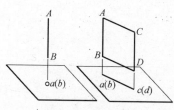

图1-5 积聚性

4. 平行性　投影面上的互相平行的直线（或平面），则其投影形成的直线（或平面）仍保持平行，这一特性称为平行性（图1-6）。根据这一特性，可以从投影图上判断物体的空间位置关系。

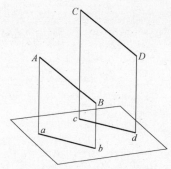

图1-6 平行性

5. 定比性　投影面上的直线上的一点将直线分成两个线段时，则两线段实长之比等于它们投影长度之比，这一特性称为定比性（图1-7）。在图1-7中，即 AC：$CB = ac$：cb。

6. 从属性　投影面上的直线（或平面）上的点、线投影后仍落在该直线（或平面）的投影上，这一特性称为从属性（图1-8）。

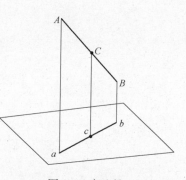

图1-7 定比性

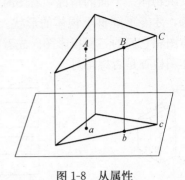

图 1-8　从属性

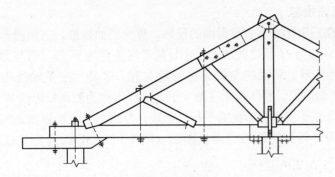

图 1-11　木屋架

1.2　投影图

1.2.1　一面投影

物体在一个面上的投影，称为一面投影。如图 1-9 所示为一块砖的投影，在砖的下面有一个水平投影面（简称 H 面），使它平行于砖的底面，作砖在 H 面上的正投影（在水平投影面上的投影称为水平投影或 H 投影），其投影为矩形，这一段投影即是砖的一面投影。一面投影反映出砖一面的形状，如长度和宽度，但高度没有表示。由此可见，一面投影只能反映物体的某个侧面，凭一面投影是不能确定物体的形状的（图 1-10）。

1.2.2　两面投影

物体在两个互相垂直的投影面上的投影，称为两面投影。如图 1-12 所示，有一水平投影面 H 和沿 H 面的垂直投影面 V，投影面 V 叫做正立投影面，简称为 V 面。

V 面与 H 面垂直的交线叫做 X 轴。在正立投影面上的投影称为正面投影或 V 投影。图 1-12 中，物体木块在 V 面与 H 面上分别投影，组成两面投影。V 投影反映物体的长和高，H 投影反映物体的长和宽。

在建筑施工图中，两面投影图很多。图 1-13 所示为钢筋混凝土独立基础两面投影图。

两面投影仅可以确定出简单形体的空间形状和大小，但对于比较复杂的形体，还必须用三面投影图才能确定它的形状和尺寸。

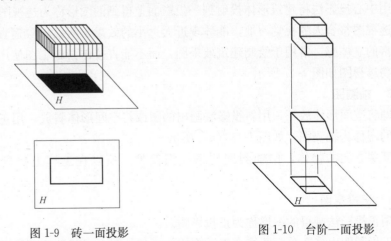

图 1-9　砖一面投影　　　　图 1-10　台阶一面投影

在建筑工程图中，一面投影用得非常多。图 1-11 所示的木屋架图就是用一面投影来表示的。

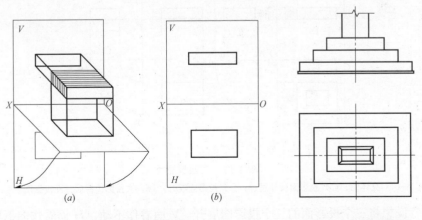

图 1-12　两面投影　　　　图 1-13　钢筋混凝土
（a）立体图；（b）投影图　　独立基础两面投影

3

1.2.3 三面投影

物体在三个相互垂直投影面的投影，称为三面投影。三面投影，是在两面投影的 V 面与 H 面之间增加一个与两者均垂直的 W 面（称其为侧立投影面）。W 面与 H、V 面的交线分别叫做 Y 轴、Z 轴。三条轴线相交于一点 O，此点叫做原点。物体投影在侧立面上的投影称为侧面投影或 W 投影。用三组分别垂直于三个投影面的平行投影线，分别对三个投影面之间的物体进行投影，即可得到物体的三面投影图（图 1-14）。W 面投影反映物体的宽和高。

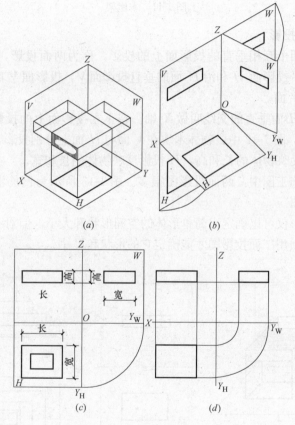

图 1-14 三面投影

（a）立体图；（b）投影面展开过程；（c）投影面展开；（d）去投影边框后三面投影图

设想将三个投影面的三个投影图展开，V 面看作不动，H 面看作向下转 $90°$，W 面看作向右转 $90°$，这样三个投影面上的投影图就展开在一个平面上了。

一个面投影只能反映物体一个面的情况，看图时，必须将同一物体的三个投影图互相联系起来，才能了解整个物体的形状。图 1-15 和图 1-16 分别画出了两个物体的立体图和它们的三面投影图。先看投影图，想一想物体的形状，然后再对照立体图检查是否想得对。

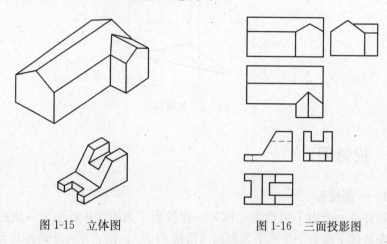

图 1-15 立体图   图 1-16 三面投影图

1.3 工程上常用的投影图

1.3.1 透视图

用中心投影法将建筑形体投射到一投影面上得到的图形称为透视图。

透视图符合人的视觉习惯，能体现近大远小的效果，所以形象逼真，具有丰富的立体感。常用于绘制建筑效果图，而不能直接作为施工图使用。某建筑物透视图如图 1-17 所示。

1.3.2 轴测图

即将空间形体放正，用斜投影法画出的图或将空间形体斜放，用正投影画出的图称为轴测图，如图 1-18（a）所示。

某些方向的物体，作轴测图比透视图简便。所以在工程上得到广泛应用。

1.3.3 正投影图

用正投影法画得的图形称为正投影图。

正投影图由多个单面图综合表示物体的形状。图中，可见轮廓线用实线表示，不可见轮廓线用虚线表示。正投影图在工程上应用最为广泛，如图 1-18（b）所示。

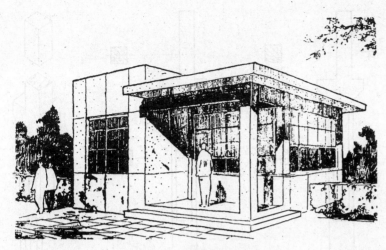

图 1-17　建筑物的透视图

1.3.4　标高投影图

某一局部的地形，用若干个水平的剖切平面假想截切地面，可得到一系列的地面与剖切平面的交线（一般为封闭的曲线）。然后用正投影的原理将这些交线投射在水平的投影面上，从而表达该局部地形，就是该地形的投影图。用标高来表示地面形状的正投影图称为标高投影图。如图 1-19 中每一条封闭的标高均相同，称为"等高线"。在每一等高线上应注写其标高值（将等高线截断，在断裂处标注标高数字），以"m（米）"为单位，采用的是绝对标高。

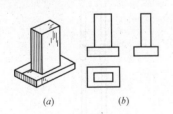

(a)　　　　(b)

图 1-18　轴测图及正投影图
(a) 形体的轴测图；(b) 形体的正投影图

比例尺 0 20 40 50

图 1-19　标高投影图（m）

1.4　剖面图与断面图

正投影图只可把形体的外部形状和尺寸表达清楚，形体内部的不可见部分都用虚线表示。这样，对于构造复杂的建筑物内部，其投影图中就会出现许多虚线，虚实线交错重叠，无法清晰地反映图形，也不易标注尺寸，更不

便识读。为此，采用剖面图与断面图设想将物体剖开，使不可见的部分变为可见，解决这一问题。

剖面图与断面图，即是将形体剖切开，然后再投影，表达形体内部构造或断面形状的图。

1.4.1　剖面图

1. 剖面图的形成

假想用一个剖切面将形体剖切开，移去剖切平面与观察者之间的那部分，然后作出剩余部分的正投影图，叫做剖面图（图 1-20）。

2. 剖切符号

剖切符号是由剖切线、观察方向线及剖面编号组成的（图 1-21）。

剖切线表示剖切平面剖切物体的位置，如图 1-20 所示。剖切线是用断开的两段粗实线画成的。

剖面编号是用来对剖面图进行编号的，注写在剖视方向线的端部；此编号也标注在相应剖面图的下方。剖面编号一般用数字来表示。

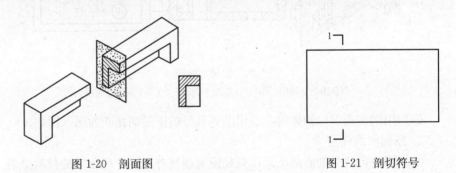

图 1-20　剖面图　　　　　　　　　　图 1-21　剖切符号

3. 剖面图的种类

（1）全剖面图　用剖切平面将物体全部剖开后，画出的剖面图称为全剖面图。如图 1-22 就是全剖面图。全剖面图须标注剖切线与观察方向线，但当剖切平面与物体的对称面重合，且全剖面图又处于基本视图的位置时，可不标注。

（2）阶梯剖面图　假想用两个相互平行的剖切平面将物体剖切后所画的剖面图称为阶梯剖面。图 1-23（a）是剖面图的立体图，图 1-23（b）是 1-1 剖面平面图，即阶梯剖面图，表示剖切位置和投影方向，图 1-23（c）是 1-1 剖面立面图。

1.4.2　断面图

1. 断面图的形成

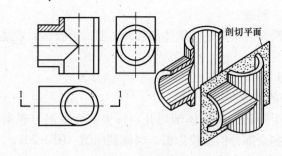

图 1-22　全剖面图

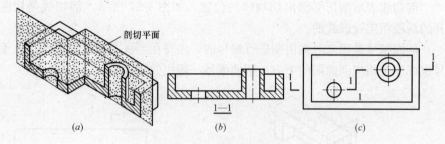

图 1-23　阶梯剖面图

(a) 剖面图的立体图；(b) 1-1 剖面平面图；(c) 1-1 剖面立面图

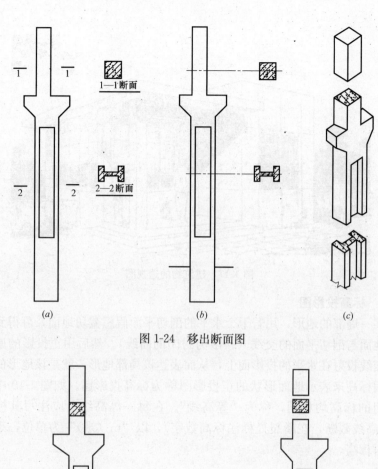

图 1-24　移出断面图

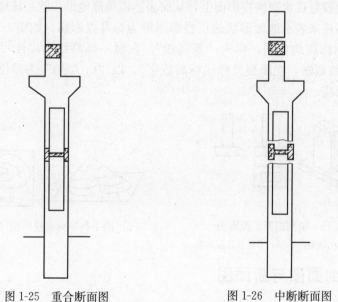

图 1-25　重合断面图　　　　图 1-26　中断断面图

假想用剖切面剖切物体时，画出剖到部分的图形叫做断面图（图1-24）。

2. 断面图的标注

断面图的标注与剖面图类似，只是没有剖视方向线，用数字的位置来表示投影方向，图 1-24 中 1-1 是表示向下投影。

3. 断面图的种类

（1）移出断面图　有两种表示法，一种是把断面图画在图纸上的任意位置，但必须在剖切线处和断面图下方加注相同的编号，如图 1-24（a）中的 1-1 断面图；二是将断面图画在投影图之外，可画在剖切线的延长线上，如图 1-24（b）中的断面图；图 1-24（c）是立体图。

（2）重合断面图　把剖切得到的断面图画在剖切线下并与投影图重合，称为重合断面图。重合断面图不标注剖切位置线及编号（图 1-25）。

（3）中断断面图　设想把形体分开，把断面图画在分开处。可不必标注剖切位置线及编号（图 1-26）。重合断面图和中断断面图都省去了标注符号，更便于查阅图纸。

第 2 章　常用建筑制图统一标准

2.1　图纸规格

2.1.1　图纸幅面

1. 图纸幅面及图框尺寸，应符合表 2-1 的规定及图 2-1～图 2-3 的格式。

幅面及图框尺寸（mm）　　　　　表 2-1

尺寸代号 \ 幅面代号	A0	A1	A2	A3	A4
$b×l$	841×1189	594×841	420×597	297×420	210×297
c			10		5
a			25		

2. 图纸的短边一般不加长，长边可加长，但应符合表 2-2 的规定。

图纸长边加长尺寸（mm）　　　　　表 2-2

幅面尺寸	长边尺寸	长边加长后尺寸								
A0	1189	1486	1635	1783	1932	2080	2230	2378		
A1	841	1051	1261	1471	1682	1892	2102			
A2	594	743	891	1041	1189	1338	1486	1635	1783	1932	2080
A3	420	630	841	1051	1261	1471	1682	1892		

注：有特殊需要的图纸，可采用 $b×l$ 为 841mm×891mm 与 1189mm×1261mm 的幅面。

2.1.2　标题栏与会签栏

图纸的标题栏、会签栏及装订边的位置，应符合下列规定：

（1）横式使用的图纸，应按图 2-1 形式布置。

（2）立式使用的图纸，应按图 2-2 和图 2-3 形式布置。

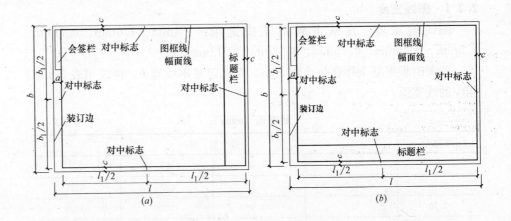

图 2-1　A0～A3 横式幅面

(a) A0～A3 横式幅面（一）；(b) A0～A3 横式幅面（二）

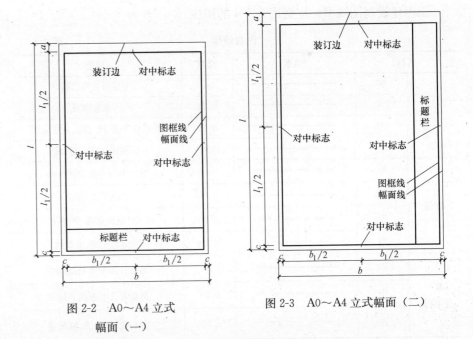

图 2-2　A0～A4 立式幅面（一）

图 2-3　A0～A4 立式幅面（二）

2.2 图线

2.2.1 图线宽度

图线的宽度，宜从下列线宽中选取：1.4mm、1.0mm、0.7mm、0.5mm、0.35mm、0.25mm、0.18mm、0.13mm。

画图时根据复杂程度与比例大小，先选定基本线宽 b，再选用表 2-3 中相应的线宽组。

线宽组（mm）　　　　　　　　　　　表 2-3

线宽比	线 宽 组			
b	1.4	1.0	0.7	0.5
$0.7b$	1.0	0.7	0.5	0.35
$0.5b$	0.7	0.5	0.35	0.25
$0.25b$	0.35	0.25	0.18	0.13

注：1. 需要微缩的图纸，不宜采用 0.18mm 及更细的线宽；
　　2. 同一张图纸内，各不同线宽中的细线，可统一采用较细的线宽组的细线。

2.2.2 图线线型

工程建设制图线型，应选用表 2-4 的图线。

图线线型　　　　　　　　　　　表 2-4

名称		线型	线宽	用途
实线	粗	——	b	主要可见轮廓线
	中粗	——	$0.7b$	可见轮廓线
	中	——	$0.5b$	可见轮廓线、尺寸线、变更云线
	细	——	$0.25b$	图例填充线、家具线
虚线	粗	- - - -	b	见各有关专业制图标准
	中粗	- - - -	$0.7b$	不可见轮廓线
	中	- - - -	$0.5b$	不可见轮廓线、图例线
	细	- - - -	$0.25b$	图例填充线、家具线
单点长画线	粗	—·—·—	b	见各有关专业制图标准
	中	—·—·—	$0.5b$	见各有关专业制图标准
	细	—·—·—	$0.25b$	中心线、对称线、轴线等

8

续表

名称		线型	线宽	用途
双点长画线	粗	—··—··—	b	见各有关专业制图标准
	中	—··—··—	$0.25b$	见各有关专业制图标准
	细	—··—··—	$0.25b$	假想轮廓线、成型前原始轮廓线
折断线	细	—⌐—	$0.25b$	断开界线
波浪线	细	∿∿	$0.25b$	断开界线

2.3 字体

2.3.1 字高

文字的字高，应从如下系列中选用：3.5mm、5mm、7mm、10mm、14mm、20mm。如需书写更大的字，其高度应按 $\sqrt{2}$ 的比值递增。

2.3.2 字体

文字的字高，应从表 2-5 中选用。字高大于 10mm 的文字宜采用 TRUETYPE 字体，如需书写更大的字，其高度应按 $\sqrt{2}$ 的倍数递增。

文字的字高（mm）　　　　　　表 2-5

字体种类	中文矢量字体	TRUETYPE 字体及非中文矢量字体
字高	3.5、5、7、10、14、20	3、4、6、8、10、14、20

图样及说明中的汉字，宜采用长仿宋体（矢量字体）或黑体，同一图纸字体种类不应超过两种。长仿宋体的宽度与高度的关系应符合表 2-6 的规定，黑体字的宽度与高度应相同。大标题、图册封面、地形图等的汉字，也可书写成其他字体，但应易于辨认。

长仿宋字高宽关系（mm）　　　　表 2-6

字高	20	14	10	7	5	3.5
字宽	14	10	7	5	3.5	2.5

2.4 比例

2.4.1 图样的比例

图样的比例，是指图形与实物相对应的线性尺寸之比。比例的符号为"："，比例以阿拉伯数字表示，如 1：1、1：2、1：100 等。比例注写在图名的右侧，字的基准线应取平；比例的字高宜比图名的字高小一号或二号（图2-4）。

平面图 1：100 ⑥1：20
图2-4

图2-4　比例的注写

2.4.2　绘图的比例

绘图所用的比例，应根据图样的用途与被绘对象的复杂程度，从表2-7中选用，并优先用表中常用比例。

绘图所用的比例　　　　　　　　　　　　　　　表2-7

常用比例	1：1，1：2，1：5，1：10，1：20，1：30，1：50，1：100，1：150，1：200，1：500，1：1000，1：2000
可用比例	1：3，1：4，1：6，1：15，1：25，1：40，1：60，1：80，1：250，1：300，1：400，1：600，1：5000，1：10000，1：20000，1：50000，1：100000，1：200000

2.5　符号

2.5.1　剖视的剖切符号

剖视的剖切符号应由剖切位置线及投射方向线组成，以粗实线绘制。剖切位置线的长度为6～10mm；投射方向线应垂直于剖切位置线，长度短于剖切位置线，为4～6mm（图2-5b），也可采用国际统一和常用的剖视方法（图2-5b）。

2.5.2　断面的剖切符号

断面的剖切符号应只用剖切位置线表示，以粗实线绘制，长度为6～10mm，见图2-6。断面的剖切符号的编号宜采用阿拉伯数字，并应注写在剖切位置线的一侧。

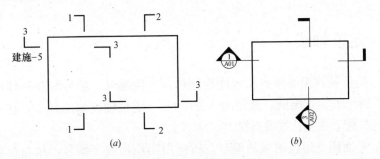

图2-5　剖视的剖切符号
(a) 剖视的剖切符号（一）；(b) 剖视的剖切符号（二）

2.5.3　索引符号

图样中的某一局部或构件，如需另见引出的详图，用索引符号引出（图2-7a）。索引符号是由直径为8～10mm的圆和水平直径组成，圆及水平直径均以细实线绘制。索引符号具体规定如下：

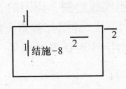

图2-6　断面的剖切符号

1. 索引出的详图，与被索引的详图画在同一张图纸内，应在索引符号的上半圆中用阿拉伯数字注明该详图的编号，并在下半圆中间画一段水平细实线（图2-7b）。

2. 索引出的详图，如与被索引的详图不画在同一张图纸内时，应在索引符号的上半圆中用阿拉伯数字注明该详图的编号，在索引符号的下半圆中用阿拉伯数字注明该详图所在图纸的编号（图2-7c）。数字较多时，可加文字标注。

3. 索引出的详图，如采用标准图，应在索引符号水平直径的延长线上加注该标准图册的编号（图2-7d）。

4. 索引符号用于索引剖视详图时，应在被剖切的部位绘制剖切位置线，并以引出线引出索引符号，引出线所在的一侧应为剖视方向。索引符号的编号和上面的1、2、3三条相同（图2-8a、b、c、d）。

5. 零件、钢筋、杆件、设备等的编号，用直径为5～6mm的细实线圆表示，其编号用阿拉伯数字按顺序编写（图2-9）。

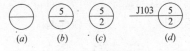

图2-7　索引符号

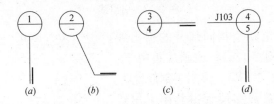

图2-8　用于索引剖面详图的索引符号

⑤

图2-9　零件、钢筋等的编号

2.5.4　详图编号

详图的位置和编号，应以详图符号表示。详图符号的圆以直径为14mm

粗实线绘制。详图的表示具体如下：

1. 详图与被索引的图样同在一张图纸内时，应在详图符号内用阿拉伯数字注明详图的编号（图2-10）。

图2-10　与被索引图样同在一张图纸内的详图符号

2. 详图与被索引的图样不在同一图纸内时，应用细实线在详图符号内画一水平直径，在上半圆中注明详图编号，在下半圆中注明被索引的图纸编号（图2-11）。

图2-11　与被索引图样不在同一张图纸内的详图符号

2.5.5' 引出线

对构件用文字说明时，应用线引出。其规定如下：

1. 引出线应以细实线绘制，宜采用水平方向直线与水平方向成30°、45°、60°、90°的直线，或经上述角度再折为水平线。文字说明注写在水平线的上方（图2-12a），或注写在水平线的端部（图2-12b）。索引详图的引出线，对准索引符号的圆心（图2-12c）。

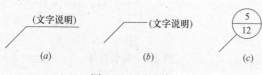

图2-12　引出线

2. 同时引出几个相同部分的引出线，宜互相平行（图2-13a），或画成集中于一点的放射线（图2-13b）。多用于钢筋说明。

3. 多层构造或多层管道共用引出线，应通过被引出的各层。文字说明一般注写在水平线的上方，或注写在水平线的端部，说明的顺序由上至下，并应与被说明的层次相互一致；如层次为横向排序，则由上至下的说明顺序应与由左至右的层次对应一致（图2-14）。

图2-13　共用引出线

2.5.6　其他符号

1. 对称符号　是由对称线和两端的两对平行线绘制而成的。对称线用

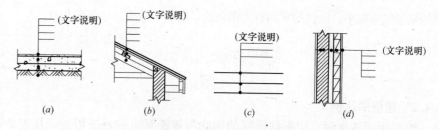

图2-14　多层构造引出线

细单点长画线绘制；平行线用细实线绘制，其长度为6～10mm，每对的间距宜为2～3mm；对称线垂直平分于两对平行线，两端超出平行线为2～3mm（图2-15）。

2. 连接符号　以折断线表示需连接的部位。两部位相距过远时，折断线两端靠图样一侧应标注大写拉丁字母表示连接编号。两个被连接的图样必须用相同的字母编号（图2-16）。

3. 指北针的形状　如图2-17所示，其圆的直径为24mm，用细实线绘制；指针尾部的宽度为3mm，指针头部注有"北"或"N"字。需用较大直径绘制指北针时，指针尾部宽度为直径的1/8。

图2-15　对称
符号

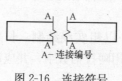

图2-16　连接符号

图2-17　指北针

2.6　定位轴线

1. 定位轴线用细单点长画线绘制的，并应编号。编号写在轴线端部的圆内。圆用细实线绘制，直径为8～10mm。定位轴线圆的圆心，在定位轴线的延长线上或延长线的折线上。

2. 平面图上定位轴线的编号，横向用阿拉伯数字编号，从左至右顺序编写，竖向用大写拉丁字母编号，从下至上顺序编写（图2-18）。

3. 拉丁字母作为轴线号时，应全部采用大写字母，不应用同一个字母的大小写来区分轴线号。拉丁字母的I、O、Z不得用做轴线编号。当字母数量不够使用，可增用双字母或单字母加数字注脚。

4. 较复杂的平面图中定位轴线也可采用分区编号（图 2-19），编号的注写形式为"分区号-该分区编号"。分区号采用阿拉伯数字或大写拉丁字母表示。

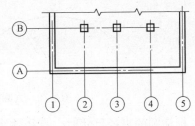

图 2-18　定位轴线的编号顺序

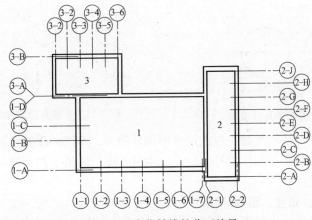

图 2-19　定位轴线的分区编号

5. 附加定位轴线的编号，应以分数形式表示，并有下列规定：

（1）两根轴线间的附加轴线，以分母表示前一轴线的编号，分子表示附加轴线的编号，编号用阿拉伯数字顺序编写，如：

$\frac{1}{2}$ 表示 2 号轴线之后附加的第一根轴线；

$\frac{3}{C}$ 表示 C 号轴线之后附加的第三根轴线。

（2）1 号轴线或 A 号轴线之前的附加轴线的分母应以 01 或 0A 表示，如：

$\frac{1}{01}$ 表示 1 号轴线之前附加的第二根轴线；

$\frac{3}{0A}$ 表示 A 号轴线之前附加的第二根轴线。

（3）一个详图用于几根轴线时，应同时注明各有关轴线的编号（图 2-20）。

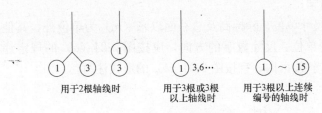

用于2根轴线时　　用于3根或3根　　用于3根以上连续
　　　　　　　　　以上轴线时　　　　编号的轴线时

图 2-20　详图的轴线编号

2.7　尺寸标注

2.7.1　尺寸界线、尺寸线及尺寸起止符号

图样上的尺寸，包括尺寸界线、尺寸线、尺寸起止符号和尺寸数字（图 2-21）。

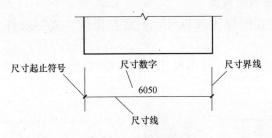

图 2-21　尺寸的组成

尺寸界线应用细实线绘制，应与被注长度垂直，其一端离开图样轮廓线不小于 2mm，另一端超出尺寸线 2～3mm。图样轮廓线可用作尺寸界线（图 2-22）。

尺寸线用细实线绘制，与被注长度平行。图样本身的任何图线不用作尺寸线。尺寸起止符号是用中粗斜短线表示的，其倾斜方向与尺寸界线成顺时针 45°角，长度宜为 2～3mm。半径、直径、角度与弧长的尺寸起止符号，用箭头表示（图 2-23）。

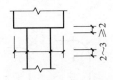

图 2-22　尺寸界线

图 2-23　箭头尺寸起止符号

注：b 为基本线宽。

2.7.2 尺寸数字

图样上的尺寸单位，除标高及总平面以米（m）为单位外，其他必须以毫米（mm）为单位。尺寸数字的方向，应按图 2-24（a）的规定注写。若尺寸数字在 30°斜线区内，宜按图 2-24（b）的形式注写。

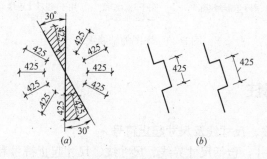

图 2-24　尺寸数字的注写方向

2.7.3 尺寸的排列与布置

尺寸宜标注在图样轮廓以外，不宜与图线、文字及符号等相交（图2-25）。

互相平行的尺寸线，较小尺寸应离轮廓线较近，较大尺寸离轮廓线较远。（图 2-26）。

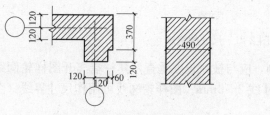 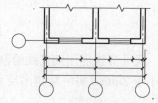

图 2-25　尺寸数字的注写　　　　图 2-26　尺寸的排列

2.7.4 半径、直径、球的尺寸标注

半径的尺寸线应一端从圆心开始，另一端画箭头指向圆弧。半径数字前加注半径符号"R"（图 2-27）。较小圆弧的半径，按图 2-28 形式标注。较大圆弧的半径，按图 2-29 形式标注。

 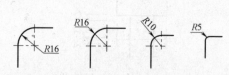

图 2-27　半径标注方法　　　图 2-28　小圆弧半径的标注方法

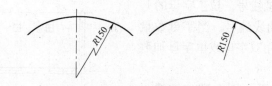

图 2-29　大圆弧半径的标注方法

标注圆的直径尺寸时，直径数字前加直径符号"ϕ"。在圆内标注的尺寸线应通过圆心，两端画箭头指至圆弧（图 2-30）。较小圆的直径尺寸标注，在圆外（图 2-31）。

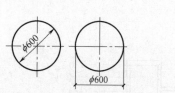 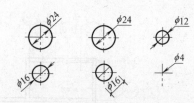

图 2-30　圆直径的标注方法　　　图 2-31　小圆直径的标注方法

标注球的半径尺寸时，应在尺寸前加注符号"SR"。球的直径尺寸标注时，应在尺寸数字前加注符号"$S\phi$"。注写方法与圆弧半径和圆直径的尺寸标注方法相同。

2.7.5 角度、弧度、弧长的标注

角度的尺寸线应用圆弧表示。该圆弧的圆心是该角的顶点，角的两条边为尺寸界线。起止符号应以箭头表示，如没有足够位置画箭头，可用圆点代替，角度数字应按水平方向注写（图 2-32）。

标注圆弧的弧长时，尺寸线应以与该圆弧同心的圆弧线表示，尺寸界线应指向圆心，起止符号用箭头表示，弧长数字上方应加注圆弧符号"⌒"（图 2-33）。

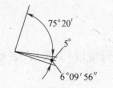

图 2-32　角度标注方法　　　　　图 2-33　弧长标注方法

标注圆弧的弦长时，尺寸线应以平行于该弦的直线表示，尺寸界线垂直于该弦，起止符号用中粗斜短线表示（图 2-34）。

2.7.6 薄板厚度、正方形、坡度、非圆曲线等尺寸标注

标注薄板板厚尺寸时，应在厚度数字前用厚度符号"t"表示（图2-35）。

标注正方形的尺寸，用"边长×边长"的形式，也可在边长数字前用正方形符号"□"表示（图2-36）。

标注坡度时，应加注坡度符号"←"表示（图2-37a、b），该符号为单面箭头，箭头指向下坡方向。坡度也可用直角三角形形式标注（图2-37c）。

图 2-34 弦长标注方法

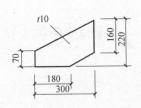

图 2-35 薄板厚度标注方法

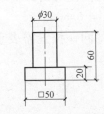

图 2-36 标注正方形尺寸

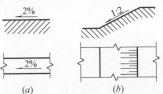

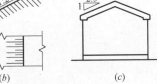

图 2-37 坡度标注方法

标注外形为非圆曲线的构件，用坐标形式标注尺寸（图2-38）。复杂的图形标注，用网格形式标注尺寸（图2-39）。

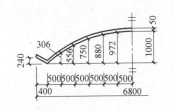

图 2-38 坐标法标注曲线尺寸

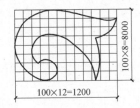

图 2-39 网格法标注曲线尺寸

2.7.7 尺寸的简化标注

杆件或管线的长度标注，在单线图（如桁架简图、钢筋简图、管线简图）上，沿杆件或管线的一侧直接注写尺寸数字（图2-40）。

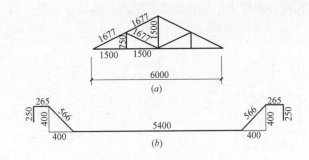

图 2-40 单线图尺寸标注方法

标注连续排列的等长尺寸，可用"个数×等长尺寸＝总长"的形式标注（图2-41）。

构配件内的构造因素（如孔、槽等）如相同，仅标注其中一个要素的尺寸（图2-42）。

对称构配件采用对称省略画法时，该对称构配件的尺寸线略超过对称符号，仅在尺寸线的一端画尺寸起止符号，尺寸数字按整体全尺寸注写，其注写位置宜与对称符号对齐（图2-43）。

两个构配件，如个别尺寸数字不同，可画在同一图样中，在同一图样中将其中一个构配件的不同尺寸数字注写在括号内，该构配件的名称也注写在相应的括号内（图2-44）。

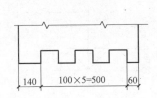

图 2-41 等长尺寸简化标注方法

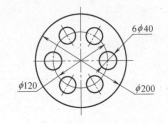

图 2-42 相同要素尺寸标注方法

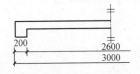

图 2-43 对称构配件尺寸标注方法

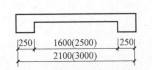

图 2-44 相似构件尺寸标注方法

数个构配件，如仅某些尺寸数字不同，这些有变化的尺寸数字，用

拉丁字母注写在同一图样中，另列表格写明其具体尺寸（图 2-45）。

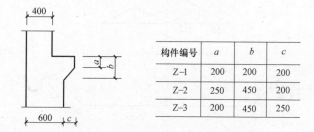

构件编号	a	b	c
Z-1	200	200	200
Z-2	250	450	200
Z-3	200	450	250

图 2-45　相似构配件尺寸表格式标注方法

2.7.8　标高

标高符号是以直角等腰三角形表示的，用细实线绘制（图 2-46a），如标注位置不够，也可绘制成图 2-46（b）所示形式。标高符号的具体画法如图 2-46（c）、（d）所示。

总平面图室外地坪标高符号，宜用涂黑的三角形表示（图 2-47a），具体画法如图 2-47（b）所示。

标高符号的尖端应指至被注高度的位置。尖端宜向下，也可向上。标高数字应注写在标高符号的上侧或下侧（图 2-48）。

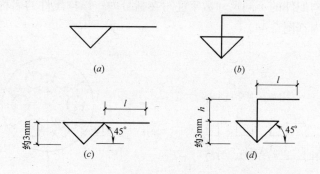

图 2-46　标高符号
l—取适当长度注写标高数字；h—根据需要取适当的高度

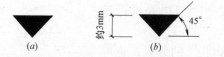

图 2-47　总平面图室外地坪标高符号 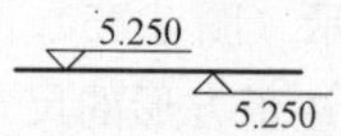　　　图 2-48　标高的指向

标高数字以米（m）为单位，注写到小数点以后第三位。在总平面图中，注写到小数点以后第二位。

零点标高注写成 ±0.000，正数标高不注"+"，负数标高注"−"。例如 6.000、−0.600。

图样的同一位置需表示几个不同标高时，标高数字按图 2-49 的形式注写。

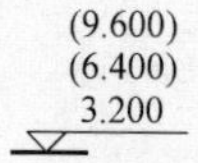

图 2-49　同一位置注写多个标高数字

14

第 3 章 建筑施工图

3.1 建筑施工图概述

3.1.1 比例

建筑物的形体庞大及复杂，绘图时需要用各种不同的比例。常用比例的选用见表 3-1（包括其他专业）。

房屋建筑图中常用比例及可用比例		表 3-1
图 名	常 用 比 例	必要时可用比例
建筑总平面图	1：500 1：1000 1：2000 1：5000	1：2500 1：10000
竖向布置图、管线综合图、断面图等	1：100 1：200 1：500 1：1000 1：2000	1：300 1：5000
平面图、立面图、剖面图、结构布置图、设备布置图等	1：50 1：100 1：200	1：150 1：300 1：400
内容比较简单的平面图	1：200 1：400	1：500
详图	1：1 1：2 1：5 1：10 1：20 1：25 1：50	1：3 1：15 1：30 1：40 1：60

3.1.2 图线

为了使建筑图中图线所表示的不同内容有主次区别，需要用不同的图线来表达。一般来说，剖切到的主要部位的轮廓用粗实线，剖切到的次要部位的轮廓用中实线，其他图形线、图例线、尺寸线、尺寸界线等用细实线。图线的宽度见表 2-3。

国家规定的线型用法见表 2-4。图 3-1 是具体图线宽度示例的选用。

3.1.3 标高

标高是以某点为基准点的高度。注写到小数点后三位数字；总平面图中，可注至小数点后两位数字。尺寸单位除标高及建筑总平面图以"m（米）"为单位，其余一律以"mm（毫米）"为单位。

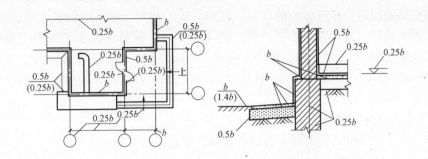

图 3-1 图线宽度示例

标高分为绝对标高和相对标高两种。

1. 绝对标高 在我国，把山东省青岛市黄海平均海平面定为绝对标高的零点，其他各地标高都以它作为基准。

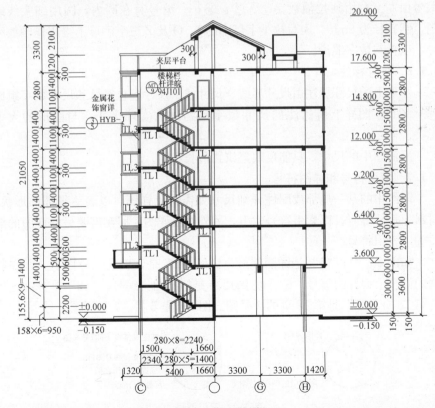

图 3-2 相对标高

15

2. 相对标高　除总平面图外，一般都用相对标高，即是把房屋底层室内主要地面定为相对标高的零点，写作"±0.000"，读作正负零点零零零，简称正负零。高于它的为正，但一般不注"＋"符号；低于它的为"负"，必须注明符号"－"，例如图3-2中的"－0.150"，表示比底层室内主要地面标高低 0.150m；图 3-2 中的"6.400"，表示比底层室内主要地面高 6.400m。

3.1.4　图例

建筑图中的材料有各种各样的图例，常见图例见附录1。

3.1.5　定位轴线及其编号

定位轴线是用来施工定位、放线的。图中的承重墙、柱子等主要承重构件都应画上轴线。对于非承重的分隔墙、次要承重构件等，一般用分轴线。

在平面图中，纵向和横向轴线构成轴线网（图2-18），定位轴线用细点画线表示。纵向轴线编号自下而上用大写拉丁字母Ⓐ、Ⓑ、Ⓒ…，横向轴线编号由左至右用阿拉伯数字①、②、③…。编号写在圆内，圆用细实线绘制，圆直径为 8mm。大写拉丁字母中的 I、O 及 Z 三个字母不得用作轴线编号，以免与数字混淆。

3.1.6　尺寸标注

图形上的尺寸标注由尺寸界线、尺寸线、尺寸起止符号和尺寸数字组成（图2-21）。图样上所标注的尺寸数字是物体的实际大小，与图形的大小无关。

平面图中的尺寸，只能反映建筑物的长和宽。

3.1.7　索引符号和详图符号

图纸中的某一局部或配件详细尺寸如需另见详图，以表达细部的形状、材料、尺寸等时，以索引符号索引，另外画出详图，即在需要另画详图的部位编上索引符号。

如图3-3中，"6"是详图编号，详图"6"是索引在 3 号图上，并在所画的详图上编详图编号"6"。皖 92J201 是标准图集编号，"18"是标准图集的第 18 页，"7"是第 18 页的 7 号图。图 3-4 是 6 号、7 号详图符号。

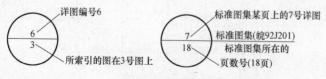

图 3-3　索引符号

3.1.8　指北针及风向频率玫瑰图

（1）指北针　在建筑总平面图上，均应画上指北针，指针头部标注"北"或"N"字，见图 2-17。

（2）风玫瑰图　风向频率玫瑰图是总平面图上用来表示房屋的朝向和该地区风向频率的标志。在建筑总平面图上，通常应按当地实际情况绘制风向频率玫瑰图。如图 3-5 所示。各地主要城市风向频率玫瑰图可从《建筑设计资料集》查得。有些城市没有风向频率玫瑰图，则在总平面图上只画上单独的指北针。

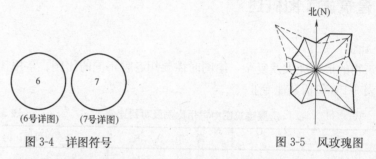

图 3-4　详图符号　　　　图 3-5　风玫瑰图

3.2　建筑设计总说明

建筑设计总说明主要用来对图上未能详细标注的地方注写具体的作业文字说明，内容有设计依据、一般说明、工程做法等。见实例导读建筑设计总说明。

3.3　建筑总平面图

3.3.1　用途

总平面图是用来反映一个工程的总体布局的。内容主要有老建筑房屋和新建房屋的位置、标高、道路布置、构筑物、地形、地貌等，可作为新建房屋定位、施工放线及施工总平面布置的依据，如图 3-6 所示。

3.3.2　内容

1. 新建房屋的布局，内容有总体范围、各建筑物及构筑物的位置，道路、水、电、暖管网的布置等。

2. 可以看出建筑物首层地面的绝对标高，室外地坪、道路的绝对标高，土方填挖情况，地面坡度及雨水排除方向。

3. 指北针表示房屋的朝向。有的图还有风向玫瑰图，表示常年风向频率和风速。

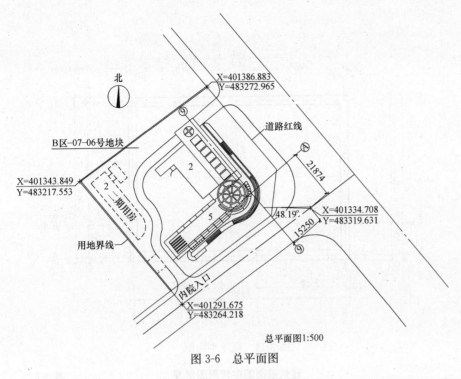

图 3-6　总平面图

4. 复杂的工程，还配有水、暖、电等管线设备总平面图，各种管线综合布置图，竖向设计图，道路纵横剖面图以及绿化布置图。

3.3.3　新建建筑物的定位

新建房屋的定位通常有两种方法，一种是参照法，参照已有房屋或道路定位；另一种是坐标定位法，即在地形图上绘制测量坐标网。标注房屋墙角坐标的方法，如图 3-7 所示。

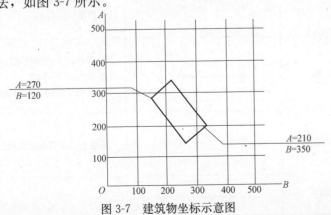

图 3-7　建筑物坐标示意图

3.4　建筑平面图

3.4.1　形成

假想用一个水平剖切面沿房屋窗台以上位置将房屋水平切开，移开剖切平面以上的部分，绘出剩余部分的水平面剖面图，即是建筑平面图，如图 3-8 所示。

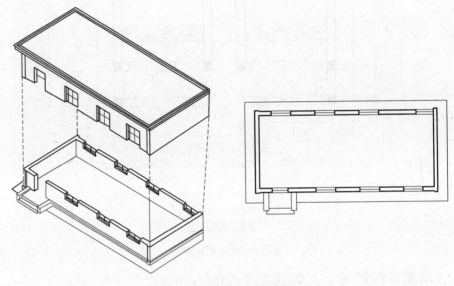

图 3-8　建筑平面图的形成

3.4.2　图示内容

建筑平面图中应包含：承重墙、柱的尺寸，定位轴线，房间的布局及其名称，底层应有剖切线符号，室内外地面的标高，门窗图例及编号，图的名称和比例等，还应详尽地标出该建筑物各部分的尺寸，如图 3-9 所示。

3.4.3　平面图的数量

平面图一般每层都要画，图的下面注明相应的图名，如首层平面图、二层平面图等。如果其中有几层的房间布置完全相同，可用一张图来表示；如果建筑平面图左右对称，也可将两层平面图画在同一个平面图上，左边为一层平面图，右边为另一层平面图，中间用一个对称符号分界，如图 3-10 所示。

屋顶平面图常单独画出。

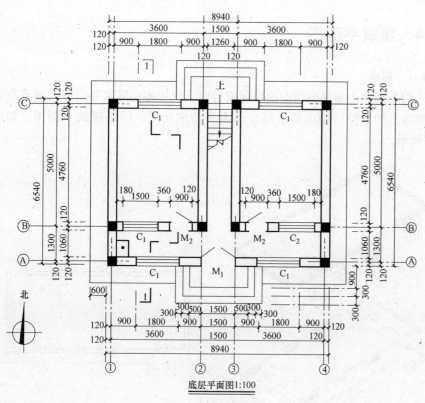

图 3-9　建筑平面图

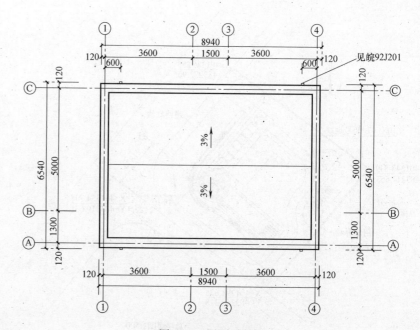

图 3-11　屋顶平面图

在屋顶平面图中，主要包括以下内容：

1. 屋面排水情况　内容有排水分工、排水方向、屋面坡度、天沟、下水口位置等。

2. 凸出屋面的构筑物位置　内容常有电梯机房、水箱间、女儿墙、天窗、管道、烟囱、检查孔、屋面变形缝等的位置及形状，如图 3-11 所示。

3.4.4　有关规定及习惯画法

1. 比例　平面图常用的比例有 1：50、1：100、1：200；必要时也可用 1：150、1：300。

2. 图线　主要的建筑构造（如墙）的轮廓线用粗实线，其他图形线用细实线。

3.4.5　图例

建筑平面图中的常用图例，见表 3-2。

图 3-10　对称符号

建筑平面图中常用图例表　　　　　　表 3-2

序号	名称	图例	备　注
1	墙体	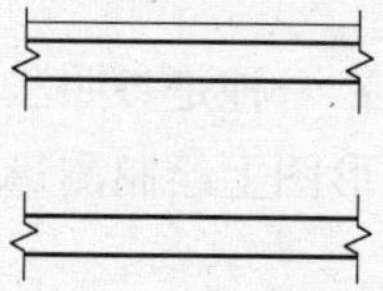	1. 上图为外墙，下图为内墙 2. 外墙细线表示有保温层或有幕墙 3. 应加注文字或涂色或图案填充表示各种材料的墙体 4. 在各层平面图中防火墙宜着重以特殊图案填充表示
2	隔断		1. 加注文字或涂色或图案填充表示各种材料的轻质隔断 2. 适用于到顶与不到顶隔断
3	玻璃幕墙	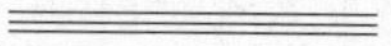	幕墙龙骨是否表示由项目设计决定
4	栏杆		—

续表

序号	名称	图例	备注
5	楼梯	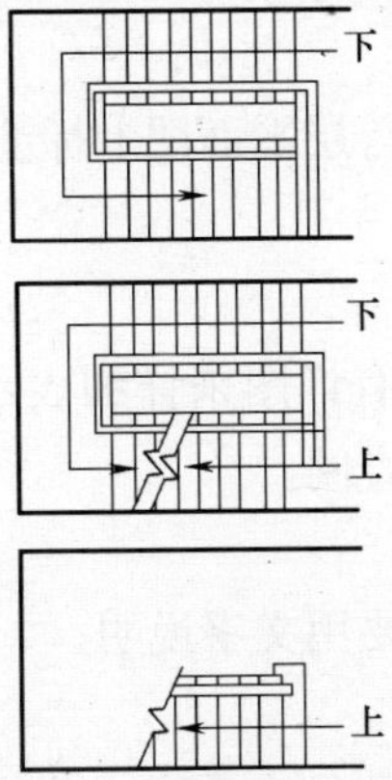下 下 上 上	1. 上图为顶层楼梯平面，中图为中间层楼梯平面，下图为底层楼梯平面 2. 需设置靠墙扶手或中间扶手时，应在图中表示
6	坡道	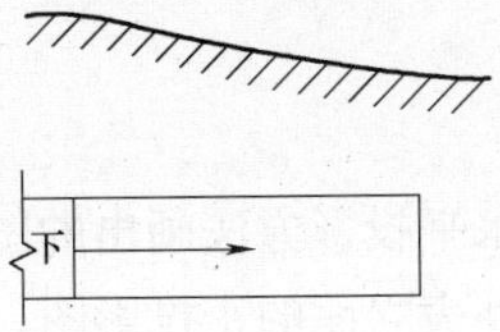下	长坡道
		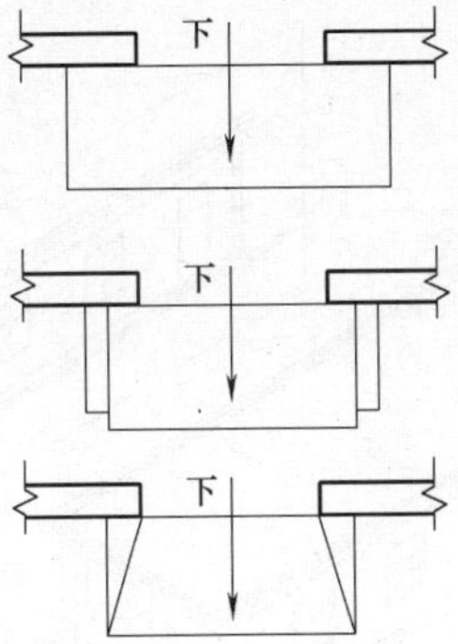下 下 下	上图为两侧垂直的门口坡道，中图为有挡墙的门口坡道，下图为两侧找坡的门口坡道
7	台阶	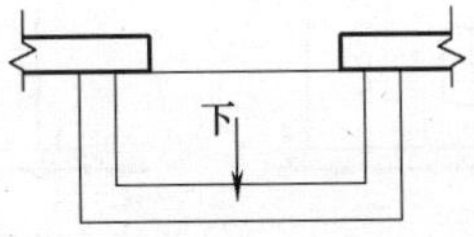下	

续表

序号	名称	图例	备注
8	平面高差	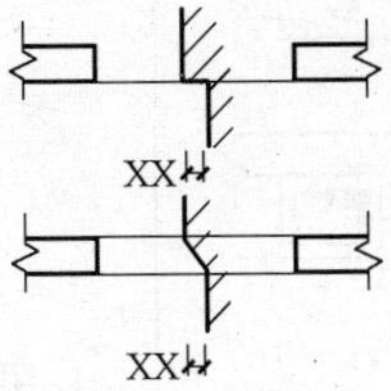XX XX	用于高差小的地面或楼面交接处，并应与门的开启方向协调
9	检查口		左图为可见检查口，右图为不可见检查口
10	孔洞		阴影部分亦可填充灰度或涂色代替
11	坑槽		
12	墙预留洞、槽	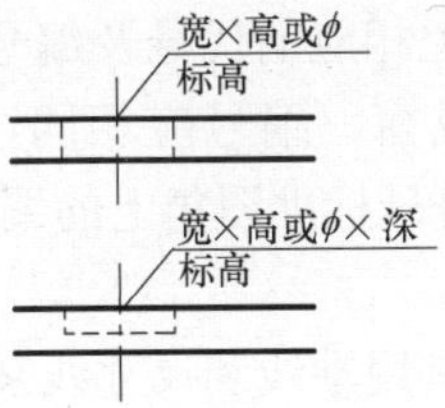宽×高或φ 标高 宽×高或φ×深 标高	1. 上图为预留洞，下图为预留槽 2. 平面以洞(槽)中心定位 3. 标高以洞(槽)底或中心定位 4. 宜以涂色区别墙体和预留洞(槽)
13	地沟	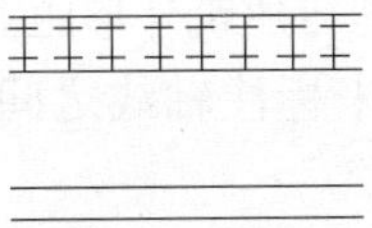	上图为有盖板地沟，下图为无盖板明沟

序号	名称	图例	备注
14	烟道		1. 阴影部分亦可填充灰度或涂色代替 2. 烟道、风道与墙体为相同材料,其相接处墙身线应连通 3. 烟道、风道根据需要增加不同材料的内衬
15	风道		

3.4.6 定位轴线与编号

平面图中主要承重的柱或墙体都画出它们的轴线,称定位轴线。定位轴线采用细长点画线表示,见图3-9。

3.4.7 门窗图例及编号

门窗均以图例表示,图例旁注上相应的代号及编号。门的代号为"M",窗的代号为"C"。同一类型的门或窗,编号应相同,如M-1、M-2、C-1、C-2等。如门窗采用标准图时,应符号标准图集上的编号及图号。

3.4.8 尺寸的标注与标高

建筑平面图中,各部位的位置是用轴线和尺寸线来表示的。平面图的外部尺寸有三道尺寸,见图3-9。

第一道尺寸为细部尺寸,表示门窗定位尺寸及门窗洞口尺寸,以定位轴线为基准标注出墙垛的分段尺寸,是与建筑外形距离较近的一道尺寸。

第二道尺寸为轴线尺寸,是用来标注轴线之间的距离(开间或进深尺寸)的。

第三道尺寸为外包尺寸,是用来表示建筑物的总长度和总宽度的。

除三道尺寸外还有台阶、花池、散水等尺寸,房间的净长和净宽、地面

标高、内墙上门窗洞口的大小及其定位尺寸等。

各层平面图上还画有楼地面标高,表示各层楼地面距离相对标高零点(即正负零)的高差。

3.4.9 剖面图的剖切位置

有剖面图时,剖切符号一般在首层平面图上标注,表示剖面图的剖切位置和剖视方向(图3-9)。

3.4.10 详图的位置和编号

某些构造细部或构件需要另画有详图来详细表示时,用索引符号表示,用来表明详图的位置和编号,以便查阅。

3.4.11 必要的文字说明

图中无法用图形表明的内容,要用文字说明。

3.5 建筑立面图

3.5.1 立面图形式

建筑立面图是房屋的立面用水平投影方法画出的图形。

建筑立面图是建筑物各方向外表立面的正投影图。立面图可用来表示建筑物的体形和外貌的,并能表明外墙装修要求(图3-12)。

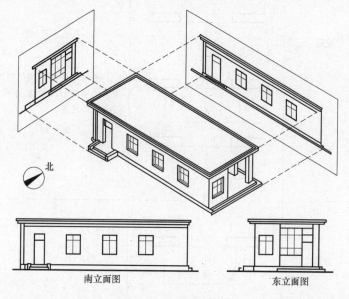

图3-12 立面图形式

3.5.2　立面图的命名

立面图的命名主要有三种。

1. 按立面的主次命名　能反映建筑物外貌主要特征或主要出入口的立面图命名为正立面图，而把其他立面图分别称为背立面图、左侧立面图和右侧立面图等。

2. 按建筑物的朝向命名　依据建筑物立面的朝向命名，如南立面图、北立面图、东立面图和西立面图，如图 3-13 所示。

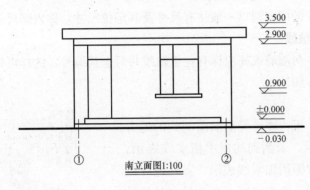

图 3-13　南立面图

3. 按轴线编号命名　依据建筑立面两端的轴线编号命名。如①～⑧立面图、Ⓐ～Ⓗ立面图等。

3.5.3　立面图的内容

1. 立面图中有图名和比例，图样画有立面形状及外貌。
2. 立面上有门窗的布置、外形（应用图例表示）。
3. 外墙面有装饰的做法及分格情况。
4. 有室外台阶、花池、勒脚、窗台、雨罩、阳台、檐沟、屋顶和雨水管等的位置。
5. 有图例、文字或说明外墙面的材料做法。

3.5.4　立面图的比例

立面图所用的比例常与建筑平面图所用比例一致，以便与建筑平面图对照阅读。常用比例有 1∶100、1∶200、1∶50。

3.5.5　立面图的标高

立面图应标有相对标高。一般应该在室外地面、入口处地面、勒脚、窗台、门窗洞顶、檐口等处标注标高（图 3-13）。

3.5.6　立面图的定位轴线

立面图的两端须画出轴线及编号，编号应与建筑平面图相对应一致，以便与建筑平面图对照阅读。

3.5.7　立面图的图线

立面图强调有整体效果，富有立体感。一般轮廓线用粗实线绘制，主要轮廓线用中粗线绘制，细部图形轮廓用细实线绘制，室外地坪线用特粗实线绘制；门窗、阳台、雨罩等主要部分的轮廓线用中粗实线绘制，其他如门窗扇、墙面分格线等均用细实线绘制。

3.5.8　立面图的图例

表 3-3 是建筑立面图中的常用图例。立面图上的式样一般按照图例表示。

立面图中常用图例　　　　　　　　　表 3-3

序号	名称	图例	备注
1	单面开启单扇门（包括平开或单面弹簧）		1. 门的名称代号用 M 表示 2. 平面图中，下为外，上为内门开启线为 90°、60°或 45°，开启弧线宜绘出 3. 立面图中，开启线实线为外开，虚线为内开。开启线交角的一侧为安装合页一侧。开启线在建筑立面图中可不表示，在立面大样图中可根据需要绘出 4. 剖面图中，左为外，右为内 5. 附加纱扇应以文字说明，在平、立、剖面图中均不表示 6. 立面形式应按实际情况绘制
2	双面开启单扇门（包括双面平开或双面弹簧）		
3	双层单扇平开门		

21

序号	名称	图例	备注
4	新建的墙和窗	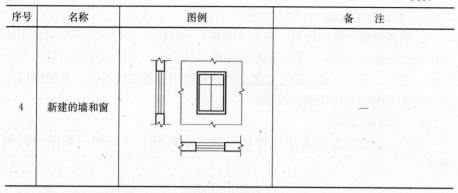	—

3.5.9 立面图的指示线

立面图中墙面各部位装饰做法通常用指示线并加以文字说明来解释。

3.6 建筑剖面图

3.6.1 建筑剖面的形式

假想用剖切平面垂直地在建筑平面图的横向或纵向沿房屋的主要位置（入口、窗洞口、楼梯等）上将房屋剖开，移去不需要的部分（图 3-14a），将剩余的部分按某一水平方向进行投影绘制而成（图 3-14b）。平行开间方向剖切称"纵剖"，垂直于开间方向剖切称"横剖"。必要时可用阶梯剖的方法，但一般只转折一次，如图 3-14 所示。

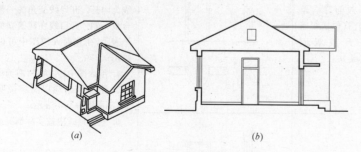

图 3-14 剖面图的形式

3.6.2 标高

剖面图上不同高度的部位，都应标注标高，如各层楼面、顶棚、屋面、楼梯休息平台、地面等。在构造剖面图中，一些主要构件必须标注其结构标高（见图 3-2）。

3.6.3 尺寸标注

剖面图一般注有外部尺寸和内部尺寸。

外部高度尺寸注有三道。

1. 第一道尺寸，是接近图形的一道尺寸，以层高为基准标注窗台、窗洞顶（或门）以及门窗洞口的高度尺寸。

2. 第二道尺寸，标注两楼层间的高度尺寸（即层高）。

3. 第三道尺寸，标注总高度尺寸（见图 3-2）。

主要内墙的门窗洞口一般注有尺寸及其定位尺寸，称内部尺寸。

3.6.4 定位轴线

剖面图中两端墙或柱应标有定位轴线并写上其编号，这样可以看出剖切位置及剖视方向。

3.6.5 图线

墙、柱、板、楼梯等剖面图剖到的地方用粗实线表示，未剖到的用中粗实线表示，其他如引出线等用细实线表示。室外地坪以下的基础可用折断线省略不画，另由结构施工图表示。剖面图中的室内外地坪线用特粗实线表示。

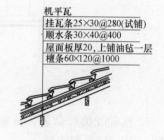

图 3-15 多层构造引出线

3.6.6 多层构造引出线

多层构造共用引出线是用来反映地面、屋面、墙面等做法，其画法见图 3-15。文字注释写在横线的上方，也可写在横线的端部，说明的顺序应由上至下，并与被说明的层次相互一致。如层次为横向排列，则由上至下的说明顺序与由左至右的构造层次相互一致。

3.6.7 建筑标高与结构标高的区别

建筑标高是反映各部位竣工后的上（或下）表面的标高；结构标高是反映各结构构件不包括粉刷层时的下（或上）皮的标高（见图 3-16）。

3.6.8 坡度

建筑物倾斜的程度是用坡度来反映的。如屋面、散水、排水坡度等，需用坡度来表示倾斜的程度。图 3-17（a）是坡度较小时的表示方法，箭头指向下坡的方向，2%表示坡度的高长比，平屋面排水常用这样表示。图 3-17（b）、图 3-17（c）是坡度较大时的表示方法，图 3-17（c）中直角三角形的斜边应与坡度平行，直角边上的数字表示坡度的高长比。

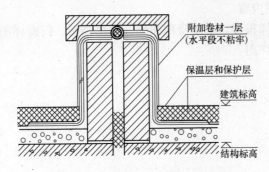

图 3-16 建筑标高与结构标高的区别

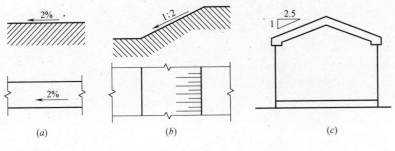

图 3-17 坡度表示方法

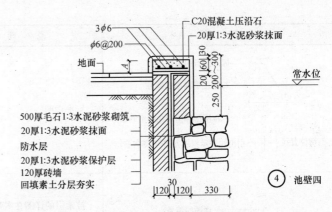

图 3-18 建筑详图

如是用标准图或通用详图上的建筑构配件和剖面节点详图时，应注明所用图集名称、编号或页次，而不画出详图。

3.7 建筑详图

为了将房屋复杂构造的局部反映清楚，必须用较大的比例画出的大样图，称建筑详图。对于一个建筑物来说，建筑平、立、剖面图图样比例较小，建筑物的某些细部及构配件的详细构造和尺寸仍然不能清楚表示，不能满足施工需求。在一套施工图中，还必须有许多比例较大的图样，对建筑物细部的形状、大小、材料和做法加以补充说明。

建筑详图各个部位都有，有的选用标准图集，有的必须用图纸画出。图3-18是引自标准图集上的详图。

3.7.1 建筑详图比例及符号

（1）详图常用比例为 1∶20、1∶10、1∶5、1∶2、1∶1 等。

（2）详图尺寸标注齐全、准确，文字说明全面。

（3）详图与其他图的联系主要采用索引符号和详图符号，有时也用轴线编号、剖切符号等，见表3-4。

常用的索引和详图的符号　　　　　　表3-4

名称	符号	说明
详图的索引	详图的编号／详图在本张图纸上	详图在本张图上
	剖面详图的编号／剖面详图在本张图纸上／剖切位置线	详图在本张图上
	详图的编号／详图所在图纸的编号	详图不在本张图上
	标准图册的编号／标准图册详图的编号／标准图册详图所在图纸的编号	标准详图

名称	符　号	说　明
详图的索引	93J301 ⑧/⑬ 标准图册的编号 标准图册详图的编号 标准图册详图所在图纸的编号 剖切位置线——引出线表示剖视方向(本图向右)	标准详图
详图的标志	⑤——详图的编号	被索引的详图在本张图纸上

3.7.2　建筑详图内容

建筑详图图样很多，有墙身剖面图、楼梯详图、门窗详图及厨房、卫生间等各种类型的详图。

第4章　结构施工图

4.1　结构施工图概述

4.1.1　房屋结构与结构构件

　　建筑物都是由许许多多不同用途的建筑配件和结构构件组成的。图 4-1 所示房屋建筑中的基础、墙体、柱、梁、楼板等承重构件，都属于房屋的结构构件，而门、窗、墙板等都是用来满足采光、通风及遮风避雨用的，属于建筑配件。

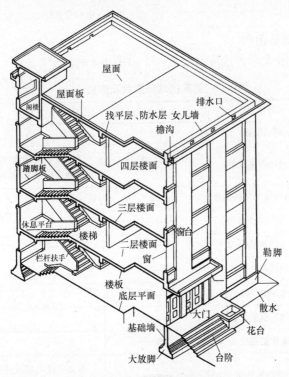

图 4-1　房屋结构与结构构件

4.1.2　建筑上常用结构形式

　　1. 按结构的承重方式分类　常见的有墙柱支承梁板的砖混结构，板、梁、柱、承重墙体，只起围护作用的框架结构及桁架结构等结构形式。

　　2. 按建筑物的承重结构的材料分类　常见的有砖混结构、钢筋混凝土结构、钢结构及其他建筑材料结构等。

4.1.3　结构施工图的作用

　　结构施工图是用来施工的，如放线、开挖基槽、做基础砖墙、模板放样、钢筋骨架绑扎、浇筑混凝土等，同时也用来编制工程造价、施工组织进度计划。

4.1.4　结构施工图的组成

　　1. 结构设计说明　是对结构施工图用文字辅以图表来说明的，如设计的主要依据、结构的类型、建筑材料的规格形式、基础做法、钢筋混凝土各构件、砖砌体、套用标准图的选用情况、施工注意事项等。

　　2. 结构构件平面布置图　通常包含以下内容：

　　(1) 基础平面布置图（含基础截面详图）；

　　(2) 楼层结构构件平面布置图；

　　(3) 屋面结构构件平面布置图。

　　3. 结构构件详图

　　(1) 梁类、板类、柱类及基础详图等构件详图（包括预制构件、现浇结构构件等）；

　　(2) 楼梯结构详图；

　　(3) 屋架结构详图（包括钢屋架、木屋架、钢筋混凝土屋架）；

　　(4) 其他结构构件详图（如支撑等）。

4.2　钢筋混凝土构件

　　混凝土是由水泥、砂子、石子和水四项材料按一定比例配合①，经过搅拌、振捣、密实和养护、凝固，形成坚硬的混凝土。

　　混凝土的特点是抗压强度较高，抗拉能力极低，容易受拉力断裂。碳素钢材抗拉及抗压强度都极高，在实际工程中把钢材与混凝土结合在一起，使钢材承受拉力，混凝土承受压力，这样形成的建筑材料就称为钢筋混凝土。

---

① 现代混凝土配合料中常增加了外加剂一项——编者注。

用钢筋混凝土做成梁、板、柱、基础等，称作钢筋混凝土构件。常用构件代号见表4-1。

常用构件代号　　　　　　　　表4-1

序号	名称	代号	序号	名称	代号	序号	名称	代号
1	板	B	19	圈梁	QL	37	承台	CT
2	屋面板	WB	20	过梁	GL	38	设备基础	SJ
3	空心板	KB	21	连系梁	LL	39	桩	ZH
4	槽形板	CB	22	基础梁	JL	40	挡土墙	DQ
5	折板	ZB	23	楼梯梁	TL	41	地沟	DG
6	密肋板	MB	24	框架梁	KL	42	柱间支撑	ZC
7	楼梯板	TB	25	框支梁	KZL	43	垂直支撑	CC
8	盖板或沟盖板	GB	26	屋面框架梁	WKJ	44	水平支撑	SC
9	挡雨板或檐口板	YB	27	檩条	LT	45	梯	T
10	吊车安全走道板	DB	28	屋架	WJ	46	雨篷	YP
11	墙板	QB	29	托架	TJ	47	阳台	YT
12	天沟板	TGB	30	天窗架	CJ	48	梁垫	LD
13	梁	L	31	框架	KJ	49	预埋件	M-
14	屋面梁	WL	32	刚架	GJ	50	天窗端壁	TD
15	吊车梁	DL	33	支架	ZJ	51	钢筋网	W
16	单轨吊车梁	DDL	34	柱	Z	52	钢筋骨架	G
17	轨道连接	DGL	35	框架柱	KZ	53	基础	J
18	车挡	CD	36	构造柱	GZ	54	暗柱	AZ

注：1. 预制钢筋混凝土构件、现浇钢筋混凝土构件、钢构件和木构件，一般可直接采用本表中的构件代号。在设计中，当需要区别上述构件种类时，应在图纸上加以说明。
2. 预应力混凝土构件代号，应在构件代号前加注："Y-"，如Y-DL表示预应力混凝土吊车梁。

4.3　钢筋

4.3.1　常用钢筋符号

钢筋混凝土结构设计规范中，钢筋按其强度和品种有不同的等级。每一类钢筋都用一个符号表示，表4-2是常用钢筋种类及符号。

常用钢筋种类及符号　　　　　　表4-2

钢筋种类	符　号
HPB300（Q235）	Φ
HRB335（20MnSi）	Φ
HRB400（200MnSiV、20MnSiNb、20MnTi）	Φ
RRB400（K20MnSi）	ΦR

4.3.2　钢筋的标注方法

钢筋的直径、根数及相邻钢筋中心距一般采用引出线的方式标注。常用钢筋的标注方法有以下两种。

1. 梁、柱中纵筋的标注

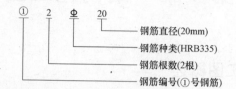

钢筋直径(20mm)
钢筋种类(HRB335)
钢筋根数(2根)
钢筋编号(①号钢筋)

2. 梁、柱中箍筋的标准

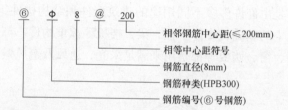

相邻钢筋中心距(≤200mm)
相等中心距符号
钢筋直径(8mm)
钢筋种类(HPB300)
钢筋编号(⑥号钢筋)

4.3.3　常见钢筋图例

钢筋的一般表示方法应符合表4-3和表4-4的规定。

钢筋的端部形状及搭接　　　　　表4-3

序号	名称	图例	说　明
1	钢筋横断面	●	
2	无弯钩的钢筋端部		下图表示长、短钢筋投影重叠时，短钢筋的端部用45°斜画线表示
3	带半圆形弯钩的钢筋端部		
4	带直钩的钢筋端部		
5	带丝扣的钢筋端部		
6	无弯钩的钢筋搭接		
7	带半圆弯钩的钢筋搭接		
8	带直钩的钢筋搭接		
9	花篮螺丝钢筋接头		
10	机械连接的钢筋接头		用文字说明机械连接的方式(或冷挤压或锥螺纹等)

钢筋的画法　　　　　　表4-4

序号	说　明	图例
1	在结构楼板中配置双层钢筋时，底层钢筋的弯钩应向上或向左，顶层钢筋的弯钩则向下或向右	(底层)　(顶层)
2	钢筋混凝土墙体配双层钢筋时，在配筋立面图中，远面钢筋的弯钩应向上或向左，而近面钢筋的弯钩向下或向右(JM近面；YM远面)	JM YM
3	若在断面图中不能表达清楚的钢筋布置，应在断面图外增加钢筋大样图(如：钢筋混凝土墙、楼梯等)	
4	图中所表示的箍筋、环筋等若布置复杂时，可加画钢筋大样及说明	或
5	每组相同的钢筋、箍筋或环筋，可用一根粗实线表示，同时用一两端带斜短画线的横穿细线，表示其余钢筋及起止范围	

4.3.4　钢筋的作用

1. 受力钢筋　承受拉力或是承受压力的钢筋，用于梁、板、柱等。如图4-2中的钢筋①和②。

2. 箍筋　箍筋是将受力钢筋箍在一起，形成骨架用的，有时也承受外力所产生的应力。箍筋按构造要求配置。如图4-2中，钢筋⑤就是箍筋。

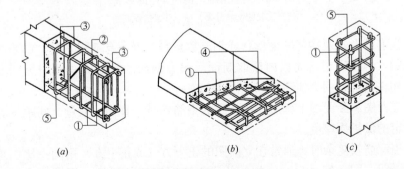

图4-2　钢筋的名称
(a) 梁类；(b) 板类；(c) 柱类

3. 架立钢筋　架立钢筋是用来固定箍筋间距的，使钢筋骨架更加牢固。如图4-2中的钢筋③。

4. 分布钢筋　分布钢筋主要用于现浇板内，与板中的受力钢筋垂直放置。主要是固定板内受力钢筋位置。如图4-2中的钢筋④。

5. 支座筋　用于板内，布置在板的四周。

6. 钢筋的混凝土保护层　为了防止钢筋锈蚀，加强钢筋与混凝土的粘结力，在构件中的钢筋外缘到构件表面应有一定的厚度，该厚度称为保护层。保护层的厚度应查阅设计说明。如设计无具体要求时，保护层厚度应按规范要求去做，也就是不小于钢筋直径，并应符合表4-5的要求。

钢筋的混凝土保护层厚度（mm）　　　　表4-5

环境与条件	构件名称	混凝土强度等级		
		低于 C25	C25 及 C30	高于 C30
室内正常环境	板、墙、壳	15		
	梁和柱	25		
露天或室内高湿度环境	板、墙、壳	35	25	15
	梁和柱	45	35	25
有垫层	基础	35		
无垫层		70		

7. 钢筋的弯钩　受力钢筋为光圆钢筋时，为增强钢筋与混凝土之间共同工作的能力，常将钢筋端部做成弯钩形式，用来增强钢筋与混凝土之间的锚固能力。

弯钩的标准形式如图4-3所示。

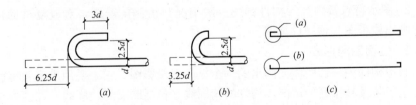

图4-3　钢筋弯钩的标准形式
(a) 半圆形弯钩；(b) 直角形弯钩；(c) 弯钩的表示图例

8. 钢筋的尺寸标注

受力钢筋的尺寸按外皮尺寸标注，如图4-4 (a) 所示。箍筋的尺寸按内皮尺寸标注，如图 4-4（b）所示。

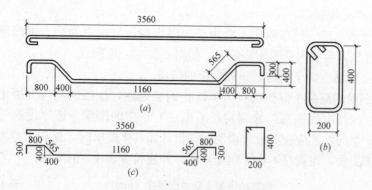

图 4-4　钢筋尺寸及其标注法

（a）受力钢筋的外皮尺寸；（b）箍筋的内皮尺寸；（c）钢筋简图的尺寸标注

钢筋简图的尺寸，可直接注在图例上，如图 4-4（c）所示。

每个弯钩长度，按图 4-3 要求计算；也可查表求得。

4.4　钢筋混凝土构件图示方式及内容

4.4.1　概述

钢筋混凝土构件分现浇构件、预制构件两种，是建筑工程中主要的结构构件，有梁、板、柱、楼梯等。详图一般包括模板图、配筋图、预埋件详图及钢筋表（或材料用量表）。而配筋图又分为立面图、断面图和钢筋详图。

1. 钢筋混凝土构件详图的作用　主要用来反映构件的长度、断面形状与尺寸及钢筋的形式与配置情况，也有用来反映模板尺寸、预留孔洞与预埋件的大小和位置，以及轴线和标高。

2. 图示特点及内容　构件详图一般情况只绘制配筋图，对较复杂的构件才画出模板图和预埋件详图。

4.4.2　立面图的形成

假想构件为一透明体而画出的一个纵向正投影图。它主要用来表明钢筋的立面形状及其排列的情况。构件的轮廓线（包括断面的轮廓线）在图中是次要的。所以钢筋应用粗实线表示，构件的轮廓线用细实线表示。详图中，箍筋只能看到侧面（一条线），当类型、直径、间距均相同时，可画出其中的一部分，如图 4-5 所示。

4.4.3　断面图的形成

断面图是构件的横向剖切投影图，它能表示出钢筋的上下和前后的排

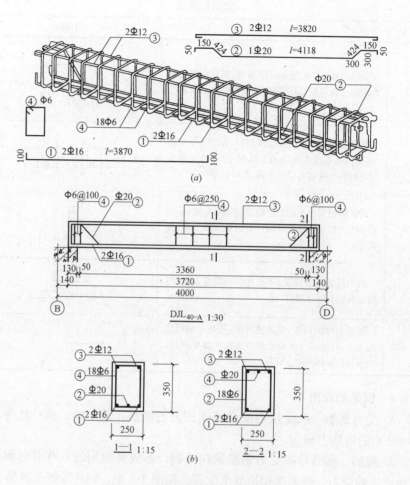

图 4-5　钢筋混凝土构件详图的形成

（a）某梁的钢筋骨架；（b）某梁的配筋图

列、箍筋的形状及构件断面形状或钢筋数量和位置。有不同之处，都要画一断面图，但不宜在斜筋段内截取断面。图中钢筋的横断面一般用黑圆点表示，构件轮廓线用细实表示（见图 4-5）。

立面图和断面图上都应注出一致的钢筋编号、直径、数量、间距等和留出规定的保护层厚度。

当配筋较复杂时，通常在立面图的正下方（或正上方）用同一比例画出钢筋详图。同一编号只画一根，并详细注明钢筋的编号、数量（或间距）、类别、直径及各段的长度与总尺寸。

4.4.4 钢筋表

钢筋表是钢筋混凝土构件的重要图示内容之一。它以表格的方式，把每一构件的钢筋类型分列出来。内容包括：构件名称、钢筋编号、钢筋简图、种类、直径、数量（根数）、长度等内容。

表4-6是图4-5中DJL$_{40-A}$骨架的钢筋表。

				钢筋表		表 4-6
构件名称	编号	简图		直径	数量	长度(mm)
DJL$_{40-A}$	①	100　　3670　　100		Φ16	2	3870
	①	50 150 424　2870　424 150 50		Φ20	1	4118
	③	3670		Φ12	3	3820
	④	200×300		Φ6	18	1150

4.5 基础图

4.5.1 常见的建筑物基础类型

常见的建筑物基础类型有砖条形基础（图4-6）、钢筋混凝土独立基础（图4-7）、钢筋混凝土条形基础（图4-8）和钢筋混凝土板式基础。板式基础又称为满堂基础（图4-9）。

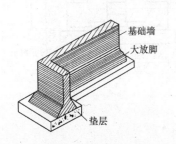

图 4-6　砖条形基础

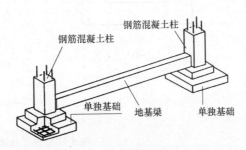

图 4-7　钢筋混凝土独立基础

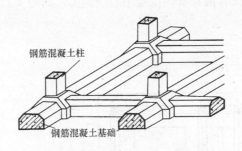

图 4-8　钢筋混凝土条形基础

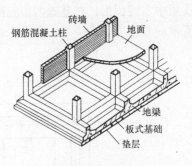

图 4-9　板式基础

4.5.2 基础图的内容与作用

基础图一般由基础平面图、基础断面图（详图）和说明三部分组成。主要为放线、开挖基槽或基坑、做垫层或砌筑基础提供依据。

4.5.3 基础平面图

1. 基础平面图的形成　假想用一个水平剖切面沿建筑物±0.000以下处将建筑物剖开，移去上面部分后所作的水平投影图，如图4-10所示。

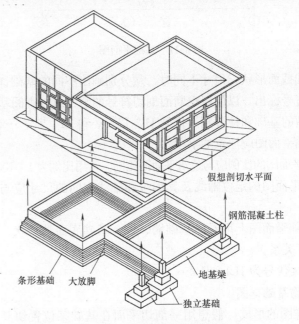

图 4-10　基础平面图的形成

2. 基础平面图的表示

（1）基础平面图中，剖到的基础墙、柱的边线要用粗实线画出，基础边线用中实线画出；在基础内留有的孔、洞及管沟位置用虚线画出，如图 4-11 所示。

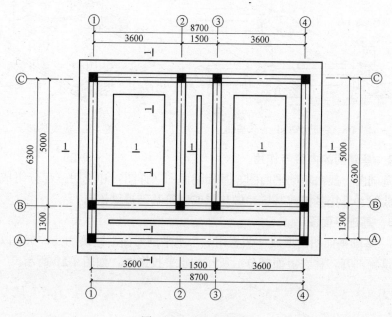

图 4-11　基础平面图

（2）基础截面形状、尺寸不同时，须分别画出不同的基础详图，用不同的断面剖切符号标出，以便根据断面剖切符号的编号可以查阅基础详图。

不同类型的基础和柱分别用代号 J1、J2、…和 Z1、Z2、…表示。

（3）基础平面图应注意的事项

1）基础平面图的比例应与建筑平面图相同。常用比例为 1∶100、1∶200。

2）基础平面图的定位轴线及其编号和轴线之间的尺寸应与建筑平面图一致。

3）从基础平面图上可看出基础墙、柱、基础底面的形状、大小及基础与轴线的尺寸关系。

4）基础梁代号为 JL1、JL2…。

4.5.4　建筑物基础详图

1. 基础详图的形成　假想用一剖切平面在基础某位置切开，画出截面图形即基础详图，如图 4-12 所示。

条形基础，基础详图一般画的是基础的垂直断面图；独立基础，基础详图一般要画出基础的平面图、立面图的断面图，如图 4-13 所示。

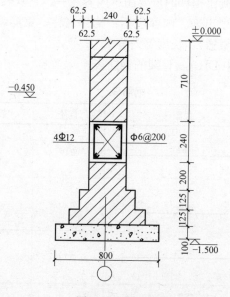

图 4-12　基础详图

2. 基础的形状不同时应分别画出其详图，当基础形状仅部分尺寸不同时，也可用一个详图表示，但需标出不同部分的尺寸。

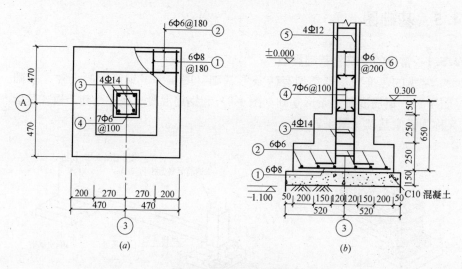

图 4-13　独立基础详图
（a）平面图；（b）剖面图

30

3. 基础详图的主要内容 图名与比例：轴线及其编号；基础的详细尺寸，如基础墙的厚度，基础的宽、高、垫层的厚度等；室内外地面标高及基础底面标高基础及垫层的材料、强度等级、配筋规格及布置；施工说明等（图4-12与图4-13）。

4.6 结构平面布置图

4.6.1 楼盖概述

楼板结构形式有钢筋混凝土楼板、砖拱楼板和木楼板等（图4-14）。钢筋混凝土楼板的特点是强度高、刚度好，既耐久，又防火，且便于工业化生产等，是目前使用最广的结构形式。木楼板的特点是自重轻、构造简单等，但由于不防火，耐久性差，且消耗大量木材，故目前采用极少。砖拱楼板可以节约钢材、水泥、木材，但由于砖拱楼板抗震性能差，结构层所占空间大、顶棚不平整，且不宜用于均匀沉陷地基的情况，故采用应当慎重。

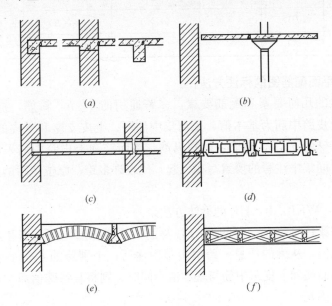

图4-14 楼板结构形式

(a) 现浇钢筋混凝土实心楼板；(b) 现浇钢筋混凝土无梁楼板；(c) 预制空心楼板；(d) 预制空心砖楼板；(e) 砖制楼板；(f) 木楼板

4.6.2 楼盖平面图的形成

假想楼板是透明的板（只有结构层，尚未做楼面面层）所作的水平剖面图。楼盖平面反映的是各层梁、板、柱、墙、过梁和圈梁等的平面布置情况，以及现浇楼板、梁的构造与配筋情况及构件间的结构关系。

4.6.3 图示表示及内容

1. 用粗实线表示预制楼板楼层平面轮廓，预制板的铺设用细实线表示，习惯上把楼板下不可见墙体的虚线改画为实线。

2. 在单元某范围内，画出楼板数量及型号。铺设方式相同的单元预制板用相同的编号，如甲、乙等表示，而不一一画出楼板的布置。

3. 在单元某范围内，画一条对角线，在对角线方向注明预制板数量及型号。

4. 用粗实线画出现浇楼板中的钢筋，同一种钢筋只需画一根。板可画出一个重合断面，表示板的形状、板厚及板的标高（图4-15）。重合断面是沿板垂直方向剖切，然后翻转90°。

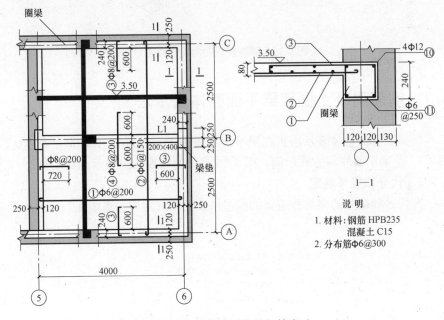

图4-15 现浇楼板中的钢筋表示

图4-16是现浇楼板的钢筋立体图。

5. 楼梯间的结构施工图一般不在楼层结构平面图中画，只用双对角线表示楼梯间。另外画出楼梯详图。

6. 结构平面图的所有轴线必须与建筑平面图相符。

7. 结构相同的楼层平面图只画一个结构平面图，称为标准层平面图。

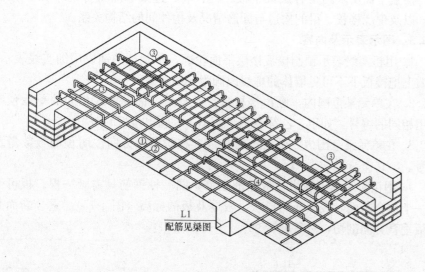

图 4-16　现浇楼板的钢筋立体图

4.7　钢筋混凝土框架梁平面整体表示法

框架梁平面整体表示法是在梁平面布置图上采用平面注写的方式表达，图 4-17 是梁平面注写方式示例，图 4-18 是梁的截面传统表示方式示例。

4.7.1　代号和编号规定

有代号和编号的梁与相应梁的构造做法见相互对应关系表 4-7。

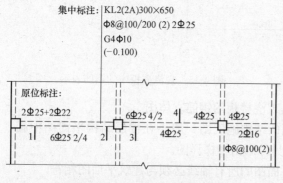

图 4-17　梁平面注写方式示例

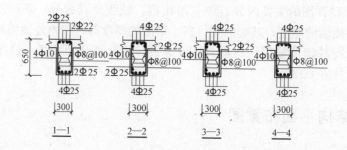

图 4-18　梁的截面传统表示方式示例

			相互对应关系表		表 4-7
梁类型	代号	序号	跨数（A：一端悬挑，B：两端悬挑）		
楼层框架梁	KL	×××	(××)	(××A)	(××B)
屋面框架梁	WKL	×××	(××)	(××A)	(××B)
非框架梁	L	×××	(××)	(××A)	(××B)
圆弧形梁	HL	×××	(××)	(××A)	(××B)
纯悬挑梁	×L	×××	(××)	(××A)	(××B)

4.7.2　梁平面配筋图的标注方法

关于梁的几何要素和配筋要素，多跨通用的 $b×h$，箍筋，抗扭纵筋，侧面筋和上皮跨中筋为基本值，采用集中注写；上皮支座和下皮的纵筋值，以及某跨特殊的 $b×h$，箍筋，抗扭纵筋，侧面筋和上皮跨中筋采用原位注写；梁代号同集中注写的要素写在一起，代表许多跨；原位注写的要素仅代表本跨。

1. KL，WKL，L，HL 的标注方法

（1）与梁代号写在一起的 $b×h$，箍筋，抗扭纵筋，侧面筋和上皮跨中筋均为基本值，从梁的任意一跨引出集中注写；个别跨的 $b×h$，箍筋，抗扭纵筋，侧面筋和上皮跨中筋与基本值不同时，则将其特殊值原位标注，原位标注取值优先。

（2）抗扭纵筋和侧面筋前面加 "＊" 号。

（3）原位注写梁上、下皮纵筋，当上皮或下皮多于一排时，则将各排筋按从上往下的顺序用斜线 "/" 分开；当同一排筋为两种直径时，则用加号 "＋" 将其连接；当上皮纵筋全跨同样多时，则仅在跨中原位注写一次，支座端免去不注；当梁的中间支座两边上皮纵筋相同时，则可将配筋仅注在支

座某一边的梁上皮位置。

2. XL，KL，WKL，L，HL 悬挑端的标注方法（除下列两条外，与 KL 等的规定相同）

（1）悬挑梁的梁根部与梁端高度不同时，用斜线"/"将其分开，即 $b\times h1/h2$，$h1$ 为梁根高度。

（2）当 $1500mm\leq L<2000mm$ 时，悬挑梁根部应有 2Φ14 鸭筋；

当 $2000mm<L\leq 2500mm$ 时，悬挑梁根部应有 2Φ16 鸭筋；

当 $L\geq 2500mm$ 时，悬挑梁根部应有 2Φ18 鸭筋。

3. 箍筋肢数用括号括住的数字表示，箍筋加密与非加密区间距用斜线"/"分开。例如：Φ8-100/200（4）表明箍筋加密区间跨为 100mm，非加密区间距为 200mm，四肢箍。

4. 附加箍筋（加密箍）、附加吊筋绘在支座的主梁上，配筋值在图中统一说明，特殊配筋值原位引出标注。

5. 当梁平面布置过密，全标注有困难时，可按纵横梁分开画在两张图上。

6. 多数相同的梁顶面标高在图面说明中统一注明，个别特殊的标高原位加注高差。图 4-19 是某实际工程梁的平面注写方式图。

4.8 钢筋混凝土框架柱平面整体表示法

4.8.1 列表注写方式

系在柱平面布置图上（一般只需采用适当比例绘制一张柱平面布置图，包括框架柱、框支柱、梁上柱和剪力墙上柱），分别在同一编号的柱中选择一个（有时需要选择几个）截面标注几何参数代号；在柱表中注写柱号、柱段起止标高、几何尺寸（含柱截面对轴线的偏心情况）与箍筋的具体数值，并配以各种柱截面形状及其箍筋类型图的方式，来表达柱平法施工图，如图 4-20 所示。

4.8.2 柱表注写内容规定

1. 柱编号，柱编号由类型代号和序号组成，见表 4-8 。

2. 注写各段柱的起止标高，自柱根部往上以变截面位置或截面未变但配筋改变处为界分段注写。框架柱和框支柱的根部标高系指基础顶面标高；芯柱的根部标高系指根据结构实际需要而定的起始位置标高；梁上柱的根部标高系指梁顶面标高；剪力墙上柱的根部标高分两种：当柱纵筋锚固在墙顶部时，其根部标高为墙顶面标高；当柱与剪力墙重叠一层时，其根部标高为

墙顶面往下一层的结构层楼面标高。

柱编号　　　　　　　　　　　　　　　　　表 4-8

柱类型	代　号	序　号
框架柱	KZ	××
框支柱	KZZ	××
芯柱	XZ	××
梁上柱	LZ	××
剪力墙上柱	QZ	××

注：编号时，当柱的总高、分段截面尺寸和配筋均对应相同，仅分段截面与轴线的关系不同时，仍可将其编为同一柱号。

3. 对于矩形柱，注写柱截面尺寸 $b\times h$ 及与轴线关系的几何参数代号 $b1$、$b2$ 和 $h1$、$h2$ 的具体数值，须对应于各段柱分别注写。其中 $b=b1+b2$，$h=h1+h2$。当截面的某一边收缩变化至与轴线重合或偏到轴线的另一侧时，$b1$、$b2$、$h1$、$h2$ 中的某项为零或为负值。

对于芯柱，根据结构需要，可以在某些框架柱的一定高度范围内，在其内部的中心位置设置（分别引注其柱编号）。芯柱截面尺寸按构造确定，并按标准构造详图施工，设计不注；当设计者采用与本构造详图不同的做法时，应另行注明。芯柱定位随框架柱走，不需要注写其与轴线的几何关系。

4. 注写柱纵筋。当柱纵筋直径相同，各边根数也相同时（包括矩形柱、圆柱和芯柱），将纵筋注写在"全部纵筋"一栏中；除此之外，柱纵筋分角筋、截面 b 边中部筋和 h 边中部筋三项分别注写（对于采用对称配筋的矩形截面柱，可仅注写一侧中部筋，对称边省略不注）。

5. 注写箍筋类型号及箍筋肢数，在箍筋类型栏内注写按以下第 8 条规定绘制柱截面形状及其箍筋类型号。

6. 注写柱箍筋，包括钢筋级别、直径与间距。

当为抗震设计时，用斜线"/"区分柱端箍筋加密区与柱身非加密区长度范围内箍筋的不同间距。施工人员须根据标准构造详图的规定，在规定的几种长度值中取其最大者作为加密区长度。

例 Φ12@100/250，表示箍筋为 HPB235 级钢筋，直径Φ12，加密区间跨为 100mm，非加密区间距为 250mm。

当箍筋沿柱全高为一种间距时，则不使用"/"线。

例 Φ12@100，表示箍筋为 HPB235 钢筋，直径Φ12，间距为 100mm，沿柱全高加密。

33

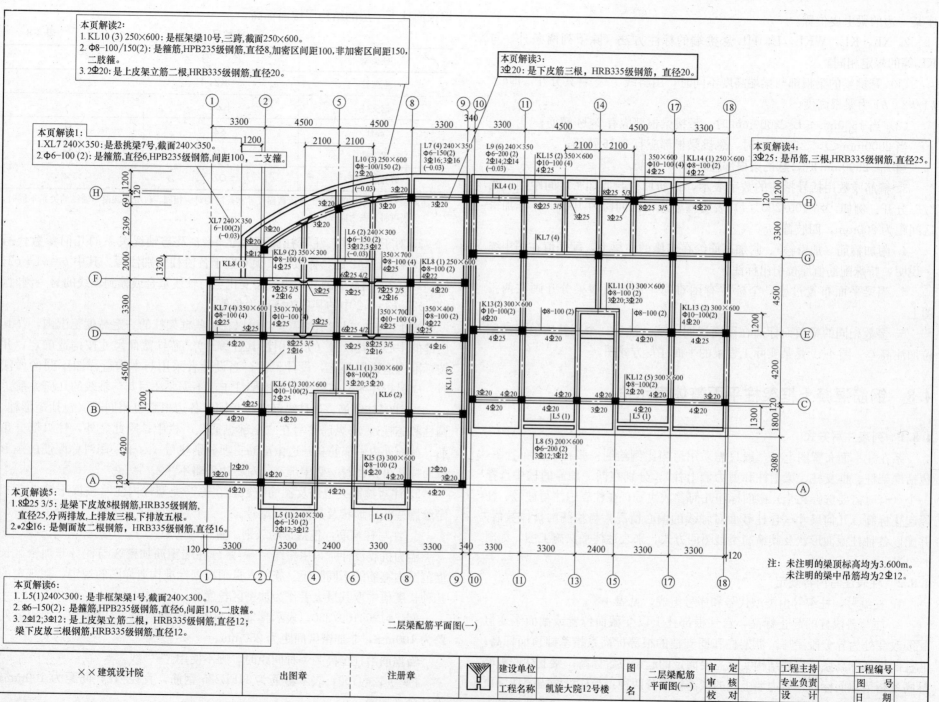

图 4-19 某工程梁的平面注写方式图

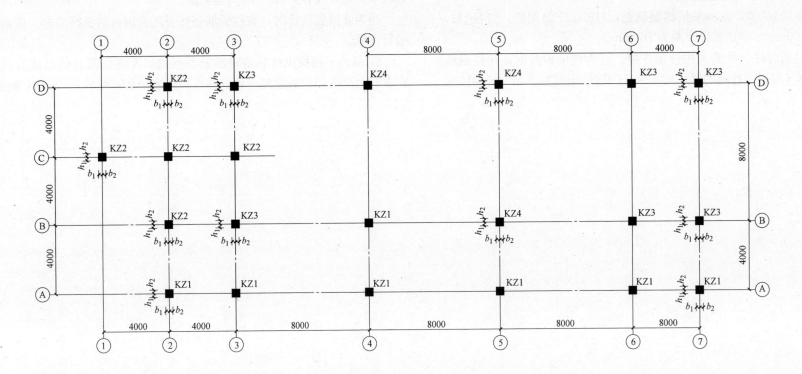

柱平面整体配筋图　注: 框架柱配筋构造按96G101图集施工。

柱号	标高(m)	b×h(mm)	b_1(mm)	b_2(mm)	h_1(mm)	h_2(mm)	角筋	b边一侧中部筋	h边一侧中部筋	箍筋类型号	箍筋
KZ1	0.000~4.200	450×450	225	225	225	225	4Φ20	1Φ20	1Φ20	1	Φ8-100/200
KZ2	0.000~18.200	450×450	225	225	225	225	4Φ20	2Φ20	2Φ20	2	Φ8-100/200
	18.200~20.400	450×450	225	225	225	225	4Φ18	2Φ18	2Φ18	2	Φ8-100/200
KZ3	0.000~14.700	450×450	225	225	225	225	4Φ20	2Φ20	2Φ20	2	Φ8-100/200
	14.700~18.200	450×450	225	225	225	225	4Φ18	2Φ18	2Φ18	2	Φ8-100/200
KZ4	0.000~4.200	500×500	250	250	275	225	4Φ25	2Φ25	2Φ20	2	Φ8-100/200
	4.200~7.700	450×450	225	225	225	225	4Φ25	2Φ25	2Φ20	2	Φ8-100/200
	7.700~14.700	450×450	225	225	225	225	4Φ20	2Φ20	2Φ20	2	Φ8-100/200
	14.700~18.200	450×450	225	225	225	225	4Φ18	2Φ18	2Φ18	2	Φ8-100/200

层号	标高(m)	层高(m)
6	18.200	2.200
5	14.700	3.500
4	11.200	3.500
3	7.700	3.500
2	4.200	3.500
1	0.000	4.200

楼层结构标高、层高

箍筋类型1

箍筋类型2

××建筑设计院		出图章	注册章		建设单位	图明	柱平面整体配筋图	审定	工程主持	工程编号
					工程名称			审核	专业负责	图号
								校对	设计	日期

图4-20　柱平法施工图

当圆柱采用螺旋箍筋时，需在箍筋前加"L"。

例　Lφ12@100/200，表示采用螺旋箍筋，HPB235 级钢筋，直径φ12，加密区间距为 100mm，非加密区间距为 200mm。

7. 当柱（包括芯柱）纵筋采用搭接连接，且为抗震设计时，在柱纵筋搭接长度范围内（应避开柱端的箍筋加密区）的箍筋均应按≤5d（d 为柱纵筋较小直径）及≤100mm 的间距加密。

当为非抗震设计时，在柱纵筋搭接长度范围内的箍筋加密，应由设计者另行注明。

8. 具体工程所设计的各种箍筋类型图以及箍筋复合的具体方式，须画在表的上部或图中的适当位置，并在标注表中相对应的 b、h 编上类型号。

第5章 给水排水施工图

5.1 给水排水施工图概述

5.1.1 给水排水工程的分类

给水排水工程按使用功能分类如下：

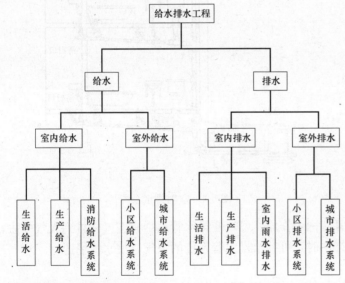

5.1.2 室内给水系统的组成

室内给水系统的常见组成如图5-1所示。

1. 引入管

某一幢建筑物的引入管是指室外给水管网与室内管网之间的连接管（或称进户管），小区引入管指总进水管。

2. 水表节点

水表节点通常指的是引入点上的水表及其前后的闸门、泄水装置等的总称。闸门是在修理时，用于关闭进水管；泄水装置是用来检修时放空管网内水、检测水表精度及测定进户点压力值。

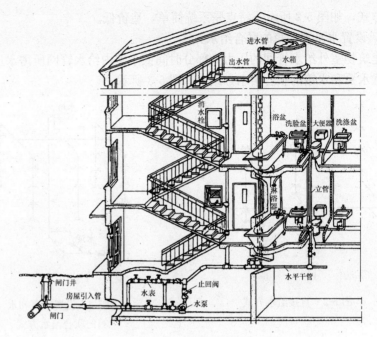

图 5-1 室内给水系统

3. 管道系统

管道系统通常指的是室内给水干管、立管及支管等。

4. 给水附件

给水附件通常指的是管路上的闸阀、止回阀及各种配水龙头等。

5. 升压和贮水设备

室外给水管网压力不足或室内对安全供水、水压稳定有要求时，设置各种附属设备，如贮水设备有水箱、水池，升压设备有水泵、气压设备及水池等。

6. 室内消防设备

按照建筑物的防火要求及规定需要设置的消火栓、自动喷淋及水幕墙消防设备。

5.1.3 室内给水系统的给水方式

室内给水方式取决于室内给水系统所需的水压及室外给水管网所具有资用水头（服务水头）的水压。

常用的给水方式有如下几种：

1. 直接给水方式

室外给水管网的水量、水压在任何时间都能满足室内供水时，可用直接供水方式,如图 5-2 所示。特点是系统简单,造价低。

　　2. 设置水泵和水箱的联合给水方式

　　建筑物室外给水管网的压力大部分时间低于室内给水管网所需水压,可用设置水泵和水箱的联合给水方式,如图 5-3 所示。

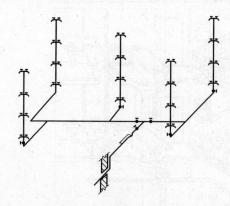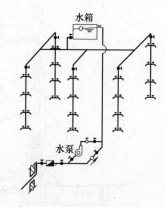

图 5-2　直接给水方式　　　　图 5-3　设置水泵和水箱的联合给水方式

　　如一天内室外管网压力大部分时间能满足室内供水要求,用水高峰时刻,室外管网中水压不能保证建筑物的上层用水时,可只设水箱不设水泵。

　　3. 分区供水的给水方式

　　较高的建筑物中,室外给水管网水压一般能供应建筑物下面几层用水,不能对建筑物上层供水,常将建筑物分成上下两个供水区。下区直接用城市管网供水,上区则由水泵水箱联合供水,水泵水箱按上区需要考虑。

5.1.4　室内排水系统的组成

　　室内排水系统通常由下列几部分组成,见图 5-4。

　　1. 卫生器具或生产设备受水器

　　常用的有洗涤盆、浴盆、洗脸盆、大便器等。

　　2. 排水管系统

　　常用的有器具排水管(卫生器具与横支管之间的一段短管,包括存水管,存水弯是封堵检查井中有害气体的,不让其进入室内)、横支管、立管、埋设在室内地下的总横干管和室外的排出管等。

　　3. 通气管系统

　　层数不高、卫生器具不多的建筑物,一般将排水立管上部延伸出屋顶作为通气管;层数较多的建筑物或卫生器具设置多的排水管系统,则做专用通气管或配辅助通气管。

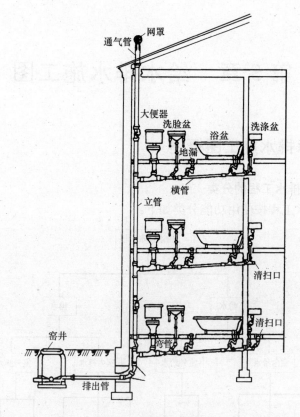

图 5-4　室内排水系统

　　通气管有两个作用:(1)使排水管道中有害气体排到大气中去;(2)排水管向下排水时,可补给排水管系统的空气,使水流畅通。

5.2　给水排水施工图的组成

　　1. 给水排水总说明

　　给水排水施工图的首页上一般都有总说明,总说明主要用文字说明一些设备及管子的做法,比如洗脸盆选用的类型,安装按照某某图集。具体见实例水施总说明。

　　2. 给水排水平面图

　　给水排水平面图主要画有给水和排水管道与设备的布置,可以分开画,也可以合在一起画。具体的有:

（1）底层平面图

主要画出底层室内外管道与设备的布置。进水部分常见有水表井、进水总管、进水主管、进水支管、用水设备等。

排水部分常见有检查井、化粪池、排水主管、排水支管等。具体见实例水施底层平面图。

（2）楼面平面图

楼面的平面图画有给水系统和排水系统内容，给水系统常见有进水主管、进水支管、用水设备等。排水系统常见有排水主管和排水支管等。见实例水施楼面平面图。

3. 给水排水透视图

（1）透视图的概念

平面图反映的是给水与排水管道的某一平面的横向与纵向的布置，垂直方向的布置则无法反映。轴测图则可表示管道在垂直方向的布置，显示其在空间三个方向的延伸，即透视图。

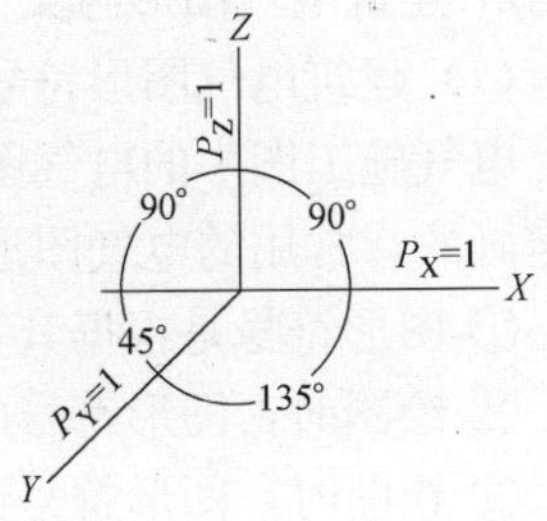

透视图一般常用"三等正面斜轴测图"来表示，共轴间角和轴向变形系数如图5-5所示。

图5-5　三等正面斜轴测图

（2）透视图的内容

透视图上可看出管道的空间布置情况，如各段管的管径、标高、坡度以及设备在管道上的位置。

（3）透视图的画法

透视图的给水立管和排水立管的数量多于1根时，需对其进行编号。编号应和平面图上的编号一致。

透视图中的管道，用粗实线表示。用水设备（如水表、水龙头等）用图例表示。

透视图的管道经过墙面、地面、屋面等时，墙面、地面、屋面等要用材料的图例反映，以细实线画出。

透视图的管道应有标高，进水管的标高以管中心为准，排水管的标高以管底为准。室内工程用相对标高，室外工程用绝对标高。各层楼面、屋面及地面也要写上相对标高。

管径的单位为"mm"。其常用表示方法见表5-1。

管径的常用表示方法　　　　　　表5-1

材料	符号	举例	表示的实际情况
镀锌管、铸铁管等	DN	DN_{15}, DN_{50}	DN_{15}表示管径为15mm的进水管，材料具体见图纸说明；DN_{50}表示管道为50mm的进水管，材料具体见图纸说明
钢筋混凝土管等	d	$d200$	$d200$表示管径为200mm的排水管，材料具体见图纸说明
无缝钢管等	$D×$壁厚	$D_{108}×4$	表示管径为108mm，壁厚为4mm的管，材料具体见图纸说明

4. 详图

详图是用来对平面图上某个设备做进一步的详细表示，给排水的详图一般都选用标准图集里的，见下篇第5章单把龙头沿台式洗脸盆安装图。

第6章 建筑电气施工图

6.1 建筑电气施工图概述

1. 建筑电气工程的分类

建筑电气工程按其用途分类如下：

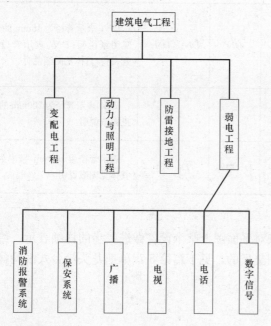

2. 电气施工图的特点

（1）电气施工图采用统一的图形符号并加以文字来表示。

电气图形符号常用的有两大类：一类是电气线路中的符号，一类是电气平面图上的符号。

（2）画图时图形符号并不按它们的形状和外形尺寸来画。

（3）电路中的电气设备、元件等，都是通过导线将其连接成一个整体的，电路都是由闭合回路所构成的，如图6-1所示。

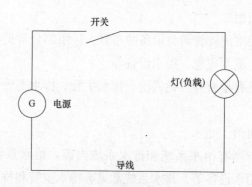

图6-1 电路的基本组成

3. 建筑电气图形与文字符号

（1）建筑电气图形符号

电气施工图中的电气图形符号是按照《电气图用图形符号》GB 4728 的规定画的，常用的电气图形符号见附录5。电气图形符号特点如下：

① 图形符号是根据其功能在无电压、无外力作用的常态下绘制的。

② 绘图时，图形符号的大小和图线的宽度可根据需要自由确定。

③ 绘图时，图形符号的方位可根据需要自由确定，但文字和指示方向不能倒置。

④ 图形符号只用于元件、设备或装置之间外部连接。

（2）建筑电气文字符号

建筑电气图中的电气文字符号是按照《电气技术中的文字符号制订通则》GB 7159—1987 的规定画在电气工程图中，文字符号标注在电气设备、装置或元件近旁，解释其名称、功能、状态及特征。常用电气设备文字符号见附录6。

6.2 建筑电气施工图的组成

1. 电气设计总说明

电气设计总说明一般写在电气图的首页上，用文字叙述电气设计的依据、要求、安装标准、安装方法、工程等级等。见实例电施说明。

2. 设备材料表

设备材料表上写有本工程所使用的设备和材料的名称、型号、规格及数量。

3. 电气系统图

电气系统图上可以看出本工程供电、分配控制和设备运行的总体情况。电气系统图进一步可分为变配电系统图、动力系统图、照明系统图、弱电系统图。见实例电施系统图。

4. 电气平面图

电气平面图上可以看出电气设备、装置与线路的布置，它们的安装位置、方式及导线的走向等。常用的电气平面图见实例电施平面图。

5. 设备布置图

设备布置图上可以看出电气设备、装置的平面与空间的具体位置和安装方式。设备布置图由平面图、立面图、剖面图及详图组成，见图6-2。

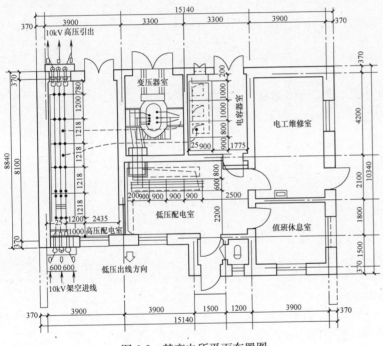

图6-2 某变电所平面布置图

6. 安装接线图

安装接线图上可以看出电气设备、元件之间的配线、接线关系。施工中用以指导安装、接线和查线，见图6-3。

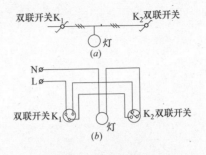

图6-3 安装接线图

(a) 平面接线图；(b) 实际接线图

7. 电气原理图

电气原理图上可以看出电气设备或系统工作原理，是根据设备之间动作原理来绘制的。电气原理图上可以弄清各个部分的动作顺序，但不能反映各个部分的安装位置和具体接线，见图6-4。

8. 详图

详图是对设备的具体安装和做法详细画出的大样图。图中画有设备安装尺寸。电气详图常选用统一的安装设备标准图册，见图6-5。

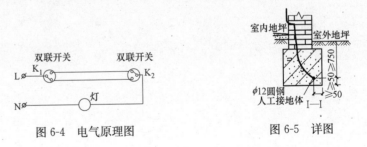

图6-4 电气原理图   图6-5 详图

下篇 实例导读

第1章　某三层住宅楼建筑施工图实例导读

建　筑　设　计　总　说　明

某某建筑设计研究院
建筑工程甲级
证书编号：110111-sj

第一部分　概述

一　设计依据

1. 项目批文及国家现行建筑设计规范
2. 本工程基地地形图及规划图
3. 建设单位委托设计单位设计本工程的设计合同书

二　工程概况

1. 工程名称：某某12号楼
2. 建设地点：某某省某某市
3. 建设单位：某某实业有限公司
4. 建筑面积：1351.4m²　户型分类：C户型
5. 设计使用年限：50年
6. 结构形式、建筑层数、建筑高度：砌体结构（一二层框架）、三层，11.30m
7. 抗震设防烈度：非抗震区
8. 屋面防水等级：本工程属Ⅲ级防水，防水层耐用年限15年，二道防水设防
9. 耐火等级：二级
10. 室内环境污染分类：Ⅰ类
11. 建筑物定位详见总体施工图

三　一般说明

1. 本工程图注尺寸除标高以米计外，其余尺寸均以毫米计。
2. 图注标高以相对标高，其标高±0.000相当于绝对标高11.900m，施工前须核对室内外绝对标高及场地周边城市道路标高，无误后方才定位。总平面位置见总平面定位图。
3. 墙身防潮层：在室内地平下约60mm处设20mm厚1：2水泥砂浆内加防水剂3%～5%防水剂，墙身防潮层（在此标高为钢筋混凝土构造，或下为防水混凝土可不做）。当室内地坪变化处设防潮层重叠，在高低差墙土一侧墙身做20mm厚1：2水泥砂浆防潮层，如墙土为室内，另刷1.5mm厚氰氯酯防水涂料（或其他防潮材料）。
4. 卫生间应设地漏，并向地漏方向做0.5%排水坡度，以利排水。卫生间比相邻的楼地面低30mm。
5. 阳台均比相邻的楼地面低30mm，并向地漏方向做0.5%排水坡度。

第二部分　主要工程做法

一　室外工程

1. 台阶做法：详02J003图集第7页节点2B。具体选用视踏步数量，由环境设计定。
2. 坡道做法：详02J003图集第31页节点6。均应保证室内外高差不大于3%8mm，坡道不宜小于3‰8mm。面层材料和色彩由环境设计定，可先做基层，预留面层及结合层厚度。

二　墙体工程

1. 本工程墙体采用200mm厚蒸压加气混凝土砌块，构造柱详结施。
2. 在窗台标高处设置钢筋混凝土板带，板带的混凝土强度等级不小于C20，厚度不小于60mm，纵向配筋不少于3φ8mm，嵌入窗间墙内不小于600mm。
3. 在两种不同材料交接处，应采用宽度大于等于300mm，厚1mm钢板网（网眼不大于10mm×10mm）抹灰或耐碱玻璃纤维网格布与聚合物砂浆加强带进行处理，加强带与基本的搭接宽度不应大于500mm。
4. 卫生间及屋顶层面周边收向上设一道高度不小于150mm的混凝土防水反梁，与楼板一同现浇。
5. 在凸出外墙面的空调板、雨篷、屋顶露台等部位上口增设一道高度不小于150mm的C25混凝土现浇带。
6. 外墙部分自地下室外墙顶至+0.500m处设置防潮层，做法参见03J930-1第127页节点3做法。
7. 外墙应注意窗台、各种装饰线脚与保温层间的收头处理和防渗处理，凡外口凸线脚均应做滴水线。窗台泛水坡度应不小于10%，严防倒泛水。

三　防水工程

1. 屋面工程　本工程平屋面属Ⅱ级防水，防水层耐用年限为15年。
屋面1：坡屋面，详00J202-1 W3 B1-40，防水材料为聚氨酯防水涂料。

屋面2：上人保温平屋面，详99J201-1 W2A B7-35，陶粒混凝土找坡，防水材料为SBS防水卷材。

屋面3：不上人平屋面，详99J201-1 W2A，陶粒混凝土找坡，防水材料为SBS防水卷材。

2. 卫生间防水做法：
底板做法如下（由下至上）：
1) 卫生间底板，15mm厚1：3水泥砂浆找平；
2) 刷弹性水泥防水涂料二道厚1.5mm（沿墙脚上翻200mm），四周墙面做150mm高混凝土防渗；
3) 面层用10mm厚1：2防水砂浆贴地砖，卫生间与卧室、壁柜相邻墙面用防水砂浆粉刷。

3. 透气管出平屋面做法见国标99J201-1 44 。坡屋面做法见国标00J202-1 35 。

四　门窗工程

1. 门窗的物理性能：门窗的选料和安装均应符合国家对型材和建筑玻璃与专业规范的要求，抗风压性能为3级，气密性能为3级，水密性能为2级。保温性能分级为7级2.85W/(m²·K)，空气隔声性能分级为3级，采光性能分级为3级。
2. 门窗玻璃的选用应遵照《建筑玻璃应用技术规程》JGJ 113和《建筑安全玻璃管理规定》及地方主管部门的有关规定。铝合金门窗的气密性及玻璃厚度由制作厂家根据《民用建筑热工设计规范》及风压荷载计算确定。
3. 门窗拼樘必须进行抗风压变形验算，拼樘料与门框之间的拼接应为插接，插接深度不小于10mm。
4. 铝合金门窗型材必须使用与其相匹配的衬钢，衬钢厚度应满足规范要求，并做防腐处理。
5. 铝合金门窗型材壁厚必须满足国家规定要求。
6. 门窗框料与结构连接的缝隙，应采用弹性材料嵌填，外口采用防水耐候密封胶封缝。
7. 图中门窗尺寸为门窗洞口尺寸，施工前须核对尺寸并以现场实际测量尺寸为准，制作时需留足安装缝隙和立面图核对无误方可加工。
8. 设计仅表示立面分格和开启方式及洞口尺寸，每个门窗的开启方式参照建筑立面图，其详细安装图设计由业主委托有能力的专业公司进行。
9. 外门窗立樘位置除注明者外均位于墙身正中，门窗玻璃密封膏选用耐候密封胶，颜色为透明。门窗预埋在墙或柱内的木、铁构件，应做防腐、防锈处理。
10. 凡窗台高度低于900mm均应护窗栏，除注明另外做法详见06J505-1第JH14页节点4。

五　外饰面

外饰面1：筒形陶制瓦，颜色待定。
外饰面2：浅棕色仿石材真石漆，墙体保温做法详见国标06J123，B系统相应节点做法。
外饰面3：棕色陶土劈开砖，墙体保温做法详见国标06J123，B系统相应节点做法。
外饰面4：面砖，颜色待定。墙体保温做法详见国标06J123，B系统相应节点做法。

六　其他

1. 楼梯扶手栏杆做法详06J403-1-A2a/18。楼梯斜段栏杆高度为900mm，栏杆垂直净距不大于110mm，水平段距离大于500mm时不应大于1050mm。楼梯钢栏杆等所有露明金属为一度防锈漆底，三度银粉漆罩面。
2. 厨房烟道选用皖2005J112图集A-1型烟道，预留洞350mm×300mm。
3. 木制油漆做法详皖2007-J301图集3/57，色彩待定。
4. 金属面油漆做法详皖2007-J301图集1/59，色彩待定。
5. 凡檐口、雨篷、阳台底、外廊底、窗下口均应做滴水线。
6. 凡埋置木砖均需满涂防腐，防腐剂应选用环保无污染型材料如桐油。
7. 门窗预留洞口埋件安装参照皖2000J102图集。
8. 水表井预留洞口：3、4各单元楼梯休息平台处窗台圈梁下居中800mm×900mm，5层为800mm×1500mm。
9. 图中未注明的门洞高度与梁顶平。
10. 凡水舌均为φ70白色PVC管，外伸100mm，贴板标高设置。

本说明中未尽事宜应按国家现行有关施工规范及规程执行。

七　选用图集

- 02J003　室外工程
- 06J403-1　楼梯栏杆栏板（一）
- 皖2007-J301　饰面
- 皖2005J112　住宅防火型烟气集中排放系统
- 00J202-1　坡屋面建筑构造（一）
- 皖03J122　外墙内保温建筑构造
- 99J201-1　平屋面建筑构造（一）
- 04CJ01-2　变形缝建筑构造（二）
- 皖95J609　民用木门

八　备注

本设计图应同有关各专业图纸密切配合施工，在未征及设计单位同意时，不得在各构件上任意凿孔开洞。
施工中各工种应密切配合，本说明中未尽事宜应按国家现行有关施工规范及规程执行。
凡发现本设计中有错、漏、碰、缺和未详之处，请建设单位和施工单位及时与我院设计人员联系，以便研究解决。

九　地下防水工程

1. 地下室顶板防水做法：
从上往下，做法详见国标02J301编号17做法。
1) 回填土
2) 水泥基渗透结晶型防水涂料
3) 防水钢筋混凝土顶板

2. 地下室外墙防水做法：
从上往下，做法详见国标02J301编号16做法。
1) 回填土
2) 水泥基渗透结晶型防水涂料
3) 防水钢筋混凝土顶板

3. 地下底板防水做法：
从上往下，做法详见国标02J301编号18做法。
1) 防水钢筋混凝土底板
2) 水泥基渗透结晶型防水涂料
3) 垫层

室内罩面表

图集 皖2007-J301

房间名称	楼地面		内墙面	踢脚	顶棚	备注
	地面	楼面				
阳台	水泥砂浆地面 ③/6	水泥砂浆楼面保温层取消 ①/30			白色腻子刮平 ⑤/59	
卧室起居室其他	水泥砂浆地面 ③/6	水泥砂浆楼面保温层取消 ①/30	白色腻子刮平 ⑤/52		白色腻子刮平 ⑤/59	
走廊门厅	地砖 ㉙/16			地砖踢脚 ⑤/63	乳胶漆 ⑧/60	
卫生间厨房			水泥砂浆墙面面层取消 ⑩/54			

1. 构造柱详见结施图。厨房，卫生间，阳台地漏详见水施。
2. 凡水舌均为φ70白色PVC管，外伸100mm，贴板标高设置。
3. 墙体除注明外均为200mm厚，图中未注明的墙厚为120mm。
4. 图中未注明的门洞高度与梁底平。
5. 外墙腰线在雨水立管经过处剖出缺口。（空调洞如与雨水管相碰现场调整）

某某建筑设计研究院
建筑工程甲级
证书编号：110111-sj

备注：

建设单位

工程名称

绿色港湾 F-1 地块

子项　12号-LC户型

图纸名称
建筑设计总说明

比例：1：100

工程勘察设计资质（出图）专用章

注册师章

类　别	签　名
审　定	
审　核	
工程主持人	
工种负责人	
校　对	
设　计	
制　图	

会签栏

建筑		电气	
结构		暖通	
给排水		工艺	

工程编号　1
图别　建施　图号　22
出图日期

建 筑 设 计 总 说 明

某某建筑设计研究院
建筑工程甲级
证书编号：110111-sj

十 节能专项

1. 本工程依据《夏热冬冷地区居住建筑节能设计标准》(JGJ 134—2001)进行节能设计。并且采用PKPM建筑节能设计。节能目标：在保证相同的室内热环境指标的前提下，与未采取节能措施前相比，全年采暖、空调总能耗应降低50%。

2. 建筑朝向：南。

3. 屋面保温做法：屋面保温采用30mm厚挤塑聚苯板。$K \leq 0.8$，$D \geq 2.5$，满足规范要求。

4. 外墙保温做法：采用皖06J123B体系，保温层厚30mm。

   1) 涂料饰面：弹性底涂、柔性耐水腻子；抗裂砂浆复合耐碱纤维格网布一层；30mm厚胶粉聚苯颗粒保温浆料；界面砂浆；200mm厚煤矸石混凝土砌块。

   2) 面砖饰面：5mm厚粘贴砂浆层；抗裂砂浆复合热镀锌电焊网一层；30mm厚胶粉聚苯颗粒保温浆料；界面砂浆；200mm厚煤矸石混凝土砌块。

5. 门窗节能：深灰色断热铝LOW-E中空玻璃窗（中空玻璃为6+12A+6）。

   各朝向窗墙比详见节能设计一览表，门窗的物理性能见门窗工程。

6. 户门均采用保温防盗外门。$K \leq 2.47W/(m^2 \cdot K)$。

7. 节能设计一览表及计算书另详。

门窗一览表

序号	设计编号	洞口尺寸(mm) 洞口宽	洞口高	数量	备注
1	C0612	600	1200	34	平开窗
2	C0718	750	1800	4	平开窗
3	C1212	1200	1200	3	推拉窗
4	C0812	850	1200	3	平开窗
5	C0512	500	1200	3	平开窗
6	C0510	450	1200	3	平开窗
7	C0610	600	1000	2	平开窗
8	C0615	600	1500	9	平开窗
9	C0815	800	1500	2	平开窗
10	C0818	850	1800	14	平开窗
11	C0918	900	1800	2	平开窗
12	C0915	900	1500	21	平开窗
13	C0818a	750	1800	16	平开窗
14	C0912	900	1200	1	平开窗

深灰色断热铝 LOW-E 中空玻璃窗 厚度 6+12A+6 由专业资质厂家设计制作安装 住宅窗

1	M0924	900	2400	2	
2	M1524	1500	2400	2	
3	M0921	900	2100	42	
4	M0721	700	2100	19	
5	M0821	800	2100	20	
6	M1521	1500	2100	8	
7	M1224	1200	2400	4	
8	M1821	1800	2100	2	
9	TLM1221	1200	2100	4	推拉门
10	JLM521	2100	2100	4	

胶合板门 皖 95J609JM-2

夏热冬冷地区居住建筑节能设计简表

标准限制		设计选用		结论是否符合标准
体形系数	条式≤0.35，点式≤0.4	1~6层□，七层及以上□；条式 √0.30，点式____		

	标准限制				计算窗墙比及相应指标限制				设计选用及可达到指标					是	否
		传热系数 K [W/(m²·K)]	遮阳系数 SC(东、南、西、北)	可见光透射比	可开启面积	朝向	C_m	K限值	SW限值	可见光透射比	可开启面积	框料	玻璃品种、厚度、中空尺寸	SW	可见光透射比	设计K值		
窗墙面积比	$C_m \leq 0.2$	≤4.0	—	0.4		东向	0.17	4.7	0.57	40%	≥30%	断热铝	LOW-E 6+12A+6	0.84	30%	3.0	☑	□
	$0.2 < C_m \leq 0.3$	≤3.5	0.55/—	0.4		南向	0.18	4.7	0.57	40%	≥30%	断热铝	LOW-E 6+12A+6	0.84	30%	3.0	☑	□
	$0.3 < C_m \leq 0.4$	≤3.0	0.5/0.6	0.4	>30%	西向	0.11	4.7	0.57	40%	≥30%	断热铝	LOW-E 6+12A+6	0.84	30%	3.0	☑	□
	$0.4 < C_m \leq 0.5$	≤2.8	0.45/0.55	—		北向	0.16	4.7	0.57	40%	≥30%	断热铝	LOW-E 6+12A+6	0.84	30%	3.0	☑	□
	$0.5 < C_m \leq 0.7$	≤2.5	0.40/0.50															

外门窗气密性等级	1~6层 3级，$q1 \leq 2.5$ 7层以上 4级 $q1 \leq 1.5$，$q2 \leq 4.5$	1~6层，4级，7层及以上 4级		☑	□
屋顶透明部分	≤屋顶面积的4%，$K \leq 3.6$，$SW \leq 0.5$	屋顶透明面积/屋顶面积=___，$K=$___，$SC=$___，窗框料____玻璃____		□	□
屋顶	$K \leq 1.0$，$D \geq 3.0$；$K \leq 0.8$，$D \geq 2.5$	保温隔热材料；挤塑聚苯板，厚度；30mm，$K=0.84W/(m^2 \cdot K)$；找坡层材料粉灰页陶粒混凝土，厚度30mm。		☑	□
外墙（包括非透明幕墙）	$K \leq 1.5$，$D \geq 3.0$；$K \leq 1.0$，$D \geq 2.5$	设计选用	外保温☑，自保温□，内保温□，保温材料膨胀聚苯板，厚度30mm，Km 0.89，主墙体材料煤矸石混凝土，双排孔空心砌块。		☑	□
分户墙（包括封闭式楼梯间三面墙）	$K \leq 2.0$	厚度200mm。		☑	□
楼板	楼间楼板、地下室顶板 $K \leq 2.0$	上保温□，下保温□，保温材料____，厚度____mm，Km 1.56W/(m²·K)		□	☑
	底层自然通风的架空楼板 $K \leq 1.5$	保温材料：混凝土，水泥砂浆等厚度，$R=3.03(m^2 \cdot K)/W$		□	☑
户门（包括阳台不透明部分）	$K \leq 3.0$	钢防盗保温门□，木防盗保温门☑，底层人户门，防盗保温对讲门□		☑	□
其他	建筑朝向	南偏东≤150°□，南偏东 15°~35°□，南偏西≤15°□，其他☑			☑	□
	其余措施	外遮阳	有☑，无□，中庭通风□，机械通风□，自然通风☑，幕墙通风□，有开启扇☑，机械通风□	软件名称 PKPM 版本 1.12.a	设计建筑 49.36	能耗指标	是否达到节能标准	☑	□
		外门	有门斗□，旋转门□，中空玻璃☑，其他□	权衡判断	参照建筑 54.49				

注：1. 墙体传热系数，均指包括结构性热桥后的平均传热系数 Km。
2. 表中框料、玻璃及内外保温等有□者，可采用打钩"√"方式填写；其值均应填入相应的设计选用数据。

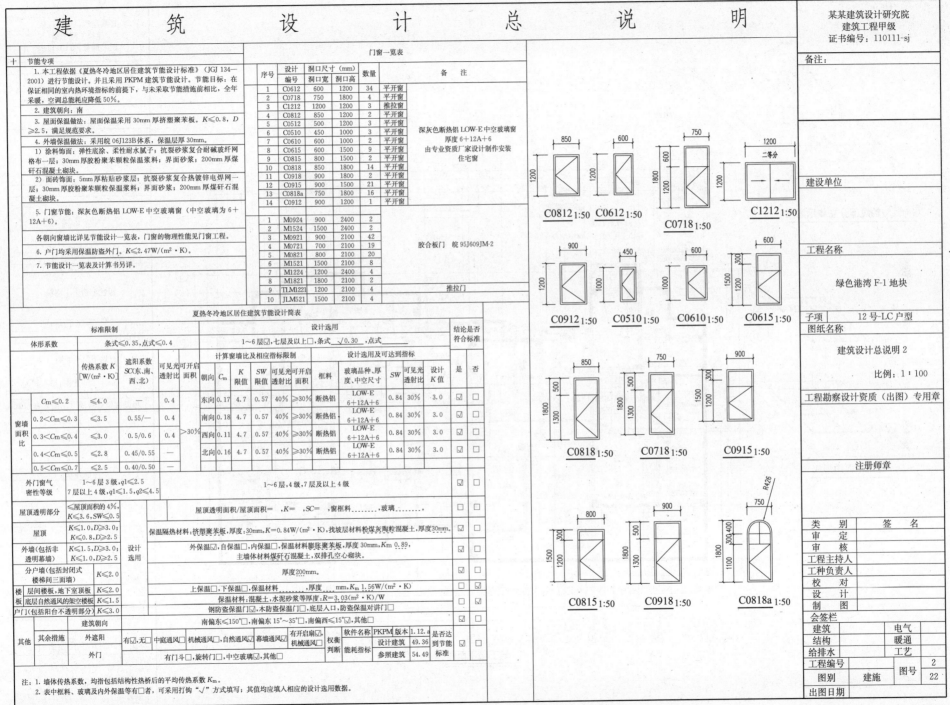

C0812 1:50　　C0612 1:50　　C0718 1:50　　C1212 1:50

C0912 1:50　　C0510 1:50　　C0610 1:50　　C0615 1:50

C0818 1:50　　C0718 1:50　　C0915 1:50

C0815 1:50　　C0918 1:50　　C0818a 1:50

备注：

建设单位

工程名称
绿色港湾 F-1 地块

子项 12 号-LC 户型

图纸名称
建筑设计总说明 2

比例：1：100

工程勘察设计资质（出图）专用章

注册师章

类 别	签 名
审 定	
审 核	
工程主持人	
工种负责人	
校 对	
设 计	
制 图	

会签栏
建筑		电气	
结构		暖通	
给排水		工艺	

工程编号 2
图别 建施　图号 22
出图日期

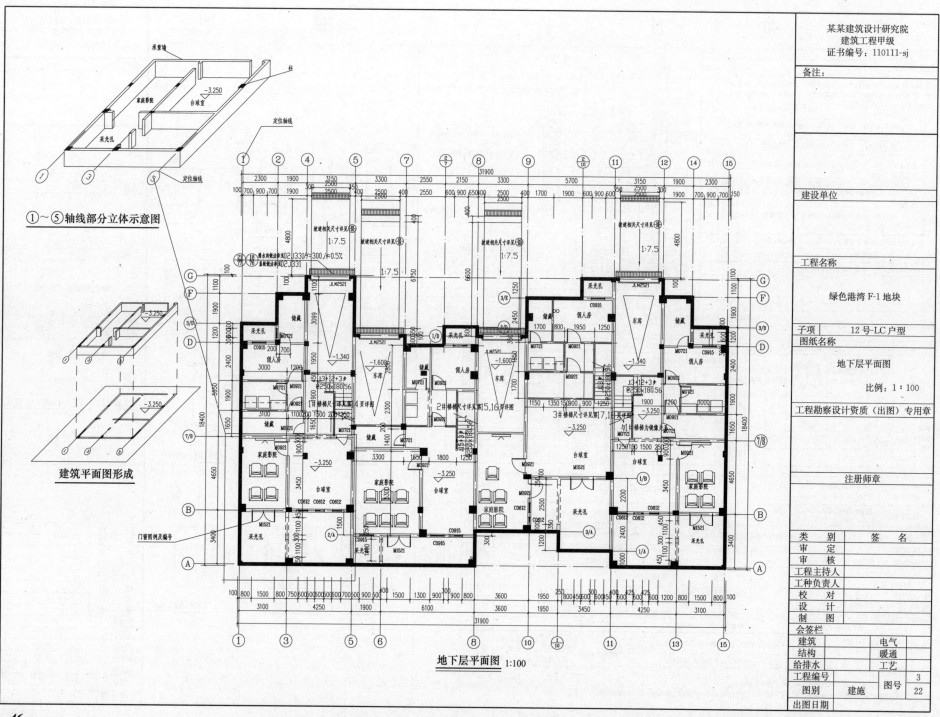

①~⑤轴线部分立体示意图

建筑平面图形成

地下层平面图 1:100

某某建筑设计研究院
建筑工程甲级
证书编号：110111-sj

备注：

建设单位

工程名称

绿色港湾 F-1 地块

子项	12 号-LC 户型

图纸名称

地下层平面图

比例：1：100

工程勘察设计资质（出图）专用章

注册师章

类 别	签 名		
审 定			
审 核			
工程主持人			
工种负责人			
校 对			
设 计			
制 图			
会签栏			
建筑		电气	
结构		暖通	
给排水		工艺	
工程编号		图号	3
图别	建施		22
出图日期			

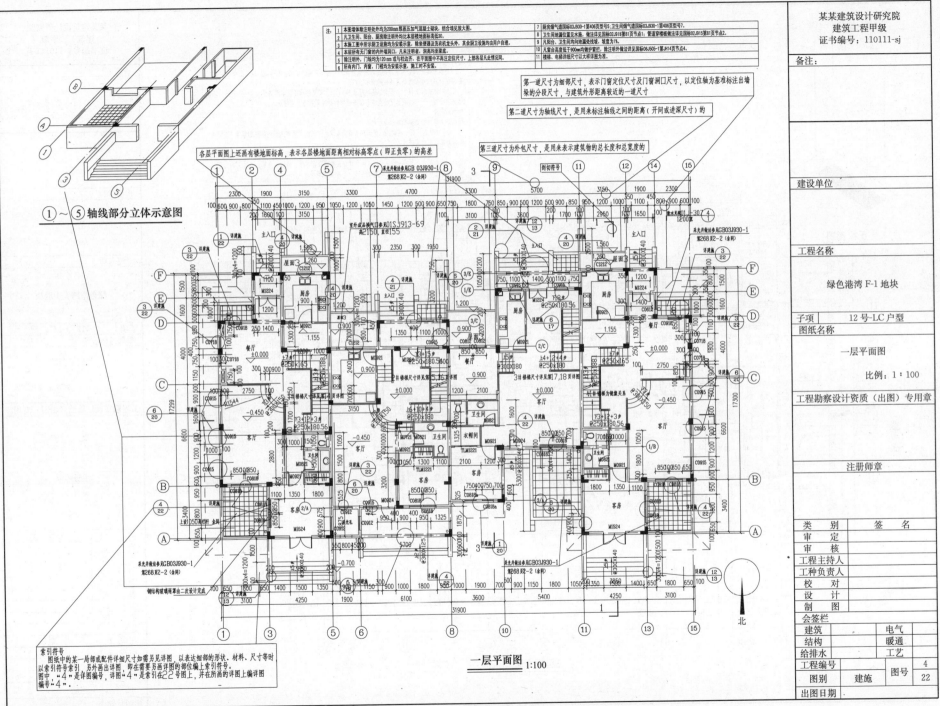

一层平面图 1:100

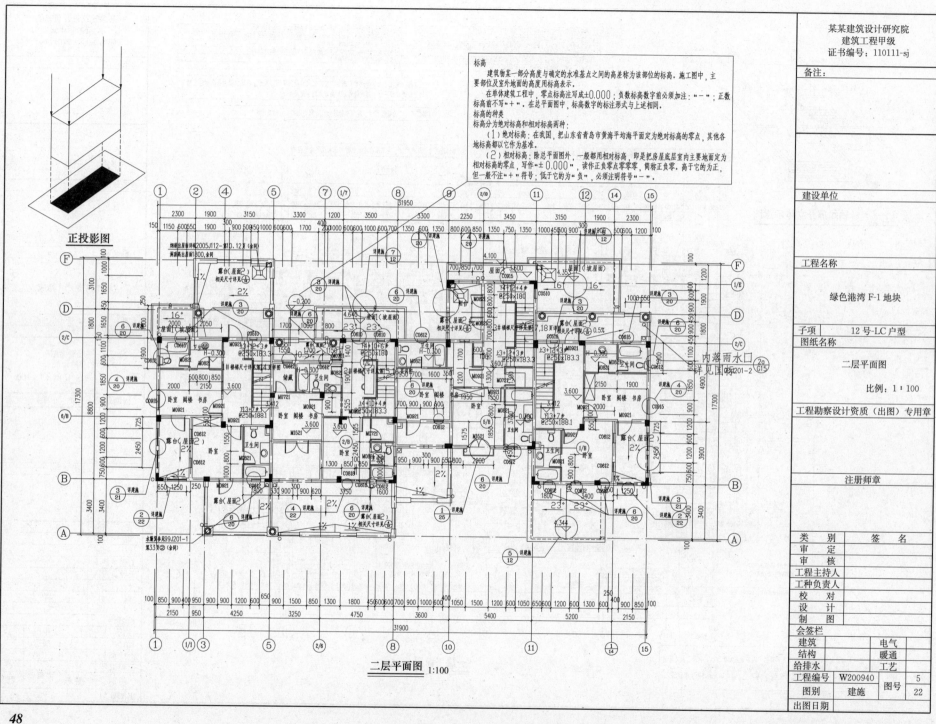

正投影图

二层平面图 1:100

备注：

建设单位

工程名称

绿色港湾 F-1 地块

子项　12 号-LC 户型

图纸名称

二层平面图

比例：1：100

工程勘察设计资质（出图）专用章

注册师章

类　别	签　名
审　定	
审　核	
工程主持人	
工种负责人	
校　对	
设　计	
制　图	

会签栏

建筑	电气
结构	暖通
给排水	工艺

工程编号	W200940	图号	5
图别	建施		22
出图日期			

标高

　建筑物某一部分高度与确定的水准基点之间的高差称为该部位的标高。施工图中，主要部位及室外地面的高度用标高表示。

　在单体建筑工程中，零点标高注写成±0.000；负数标高数字前必须加注："－"；正数标高前不写"＋"。在总平面图中，标高数字的标注形式与上述相同。

标高的种类

标高分为绝对标高和相对标高两种：

　（1）绝对标高：在我国，把山东省青岛市黄海平均海平面定为绝对标高的零点，其他各地标高都以它作为基准。

　（2）相对标高：除总平面图外，一般都用相对标高，即是把房屋底层室内主要地面定为相对标高的零点，写作"±0.000"，读作正负零点零零，简称正负零。高于它的为正，但一般不注"＋"符号；低于它的为"负"，必须注明符号"－"。

48

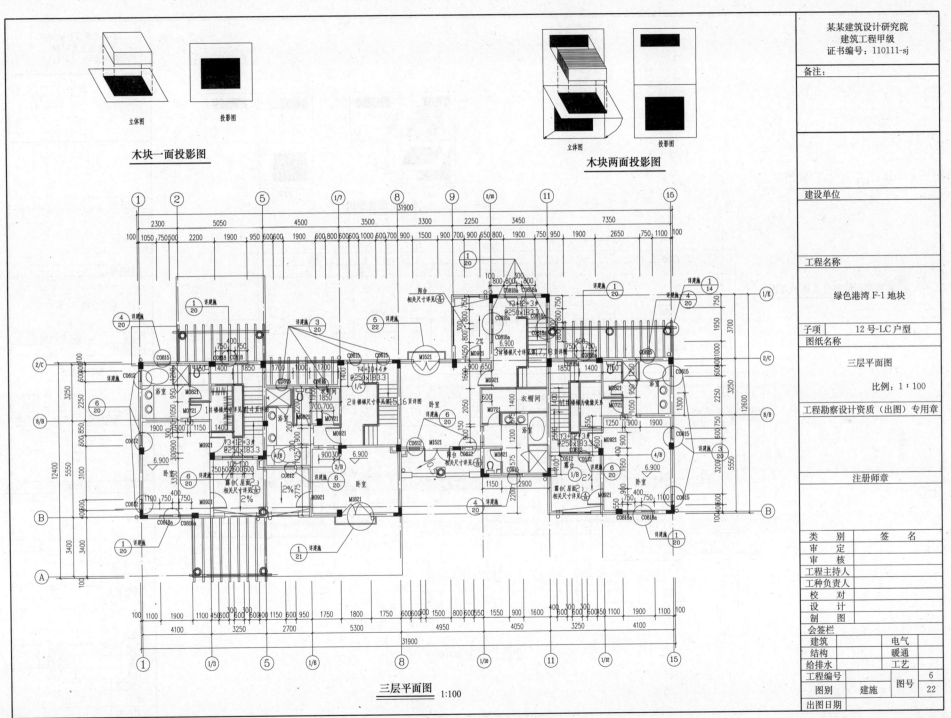

木块一面投影图

立体图　　投影图

木块两面投影图

立体图　　投影图

三层平面图　1:100

某某建筑设计研究院
建筑工程甲级
证书编号：110111-sj

备注：

建设单位

工程名称

绿色港湾 F-1 地块

子项	12 号-LC 户型

图纸名称

三层平面图

比例：1：100

工程勘察设计资质（出图）专用章

注册师章

类　别	签　名
审　定	
审　核	
工程主持人	
工种负责人	
校　对	
设　计	
制　图	
会签栏	

建筑	电气
结构	暖通
给排水	工艺

工程编号		图号	6
图别	建施		22
出图日期			

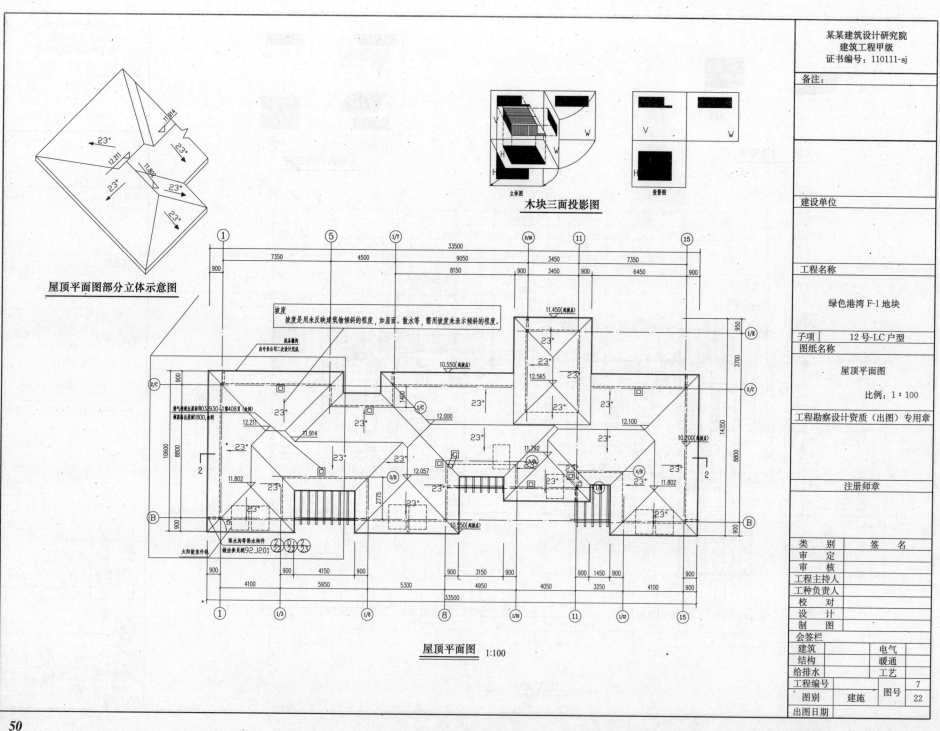

屋顶平面图部分立体示意图

木块三面投影图

立体图 投影图

披度 是用来反映建筑物倾斜的程度,如屋面、散水等,需用披度来表示倾斜的程度.

屋顶平面图 1:100

某某建筑设计研究院
建筑工程甲级
证书编号:110111-sj

备注:

建设单位

工程名称

绿色港湾 F-1 地块

子项　　12 号-LC 户型

图纸名称

屋顶平面图

比例:1:100

工程勘察设计资质(出图)专用章

注册师章

类　别	签　名
审　定	
审　核	
工程主持人	
工种负责人	
校　对	
设　计	
制　图	

会签栏		
建筑		电气
结构		暖通
给排水		工艺
工程编号		7
图别	建施	图号 22
出图日期		

①～⑮ 立面图
部分立体示意图

①～⑮ 立面图 1:100

⑮～① 立面图 1:100

注：具体色彩及材质以甲方最终确认产品、色板为准。

某某建筑设计研究院
建筑工程甲级
证书编号：110111-sj

备注：

建设单位

工程名称

绿色港湾 F-1 地块

| 子项 | 12 号-LC 户型 |
图纸名称

①～⑮立面图
⑮～①立面图
比例：1：100

工程勘察设计资质（出图）专用章

注册师章

类 别	签 名
审 定	
审 核	
工程主持人	
工种负责人	
校 对	
设 计	
制 图	

会签栏
建筑		电气	
结构		暖通	
给排水		工艺	

工程编号		8
图别	建施	图号 22
出图日期		

51

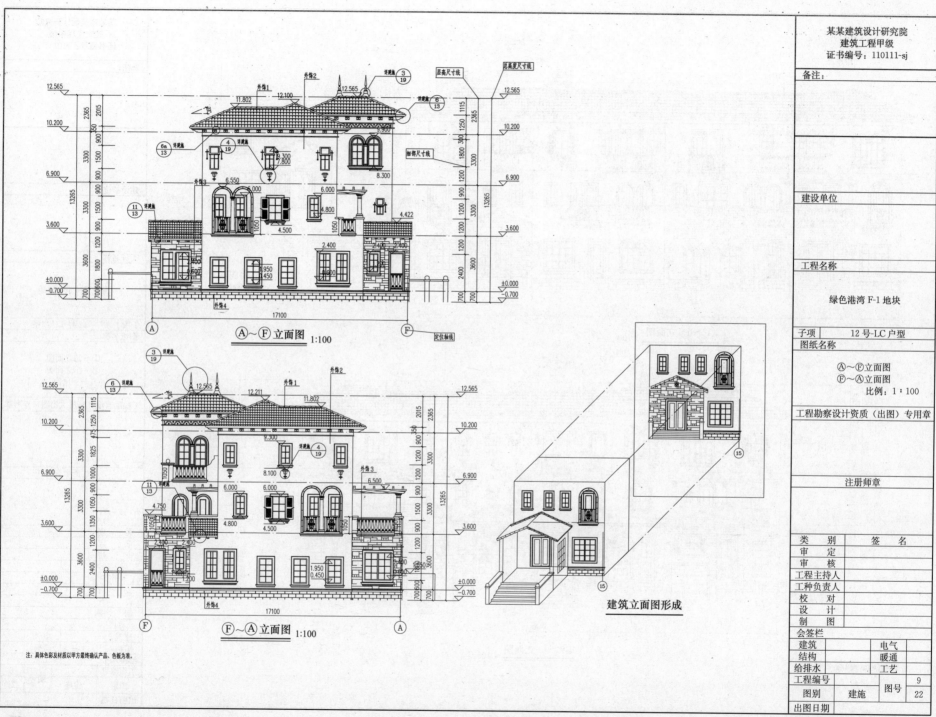

Ⓐ~Ⓕ 立面图 1:100

Ⓕ~Ⓐ 立面图 1:100

建筑立面图形成

注：具体色彩及材质以甲方最终确认产品、色板为准。

某某建筑设计研究院
建筑工程甲级
证书编号：110111-sj

备注：

建设单位

工程名称

绿色港湾 F-1 地块

子项   12号-LC 户型

图纸名称

Ⓐ~Ⓕ立面图
Ⓕ~Ⓐ立面图
比例：1：100

工程勘察设计资质（出图）专用章

注册师章

类　别	签　名		
审　定			
审　核			
工程主持人			
工种负责人			
校　对			
设　计			
制　图			
会签栏			
建筑		电气	
结构		暖通	
给排水		工艺	
工程编号		图号	9
图别	建施		22
出图日期			

52

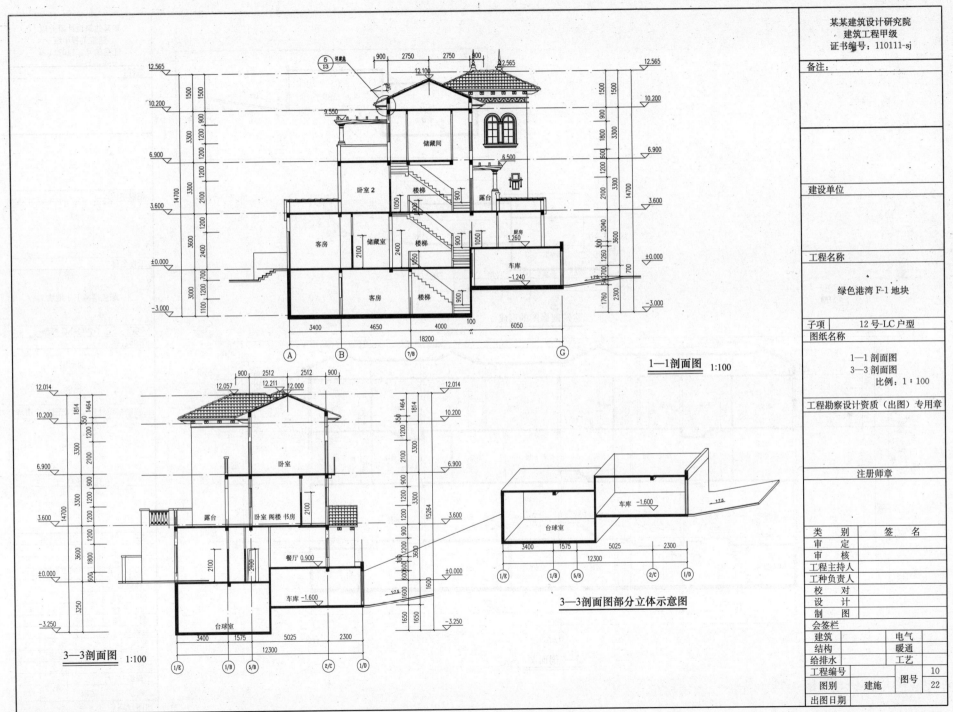

1—1剖面图 1:100

3—3剖面图 1:100

3—3剖面图部分立体示意图

某某建筑设计研究院
建筑工程甲级
证书编号：110111-sj

备注：

建设单位

工程名称

绿色港湾 F-1 地块

子项　12 号-LC 户型

图纸名称

1—1 剖面图
3—3 剖面图
比例：1：100

工程勘察设计资质（出图）专用章

注册师章

类　别	签　名	
审　定		
审　核		
工程主持人		
工种负责人		
校　对		
设　计		
制　图		
会签栏		
建筑		电气
结构		暖通
给排水		工艺

工程编号		图号	10
图别	建施		22
出图日期			

53

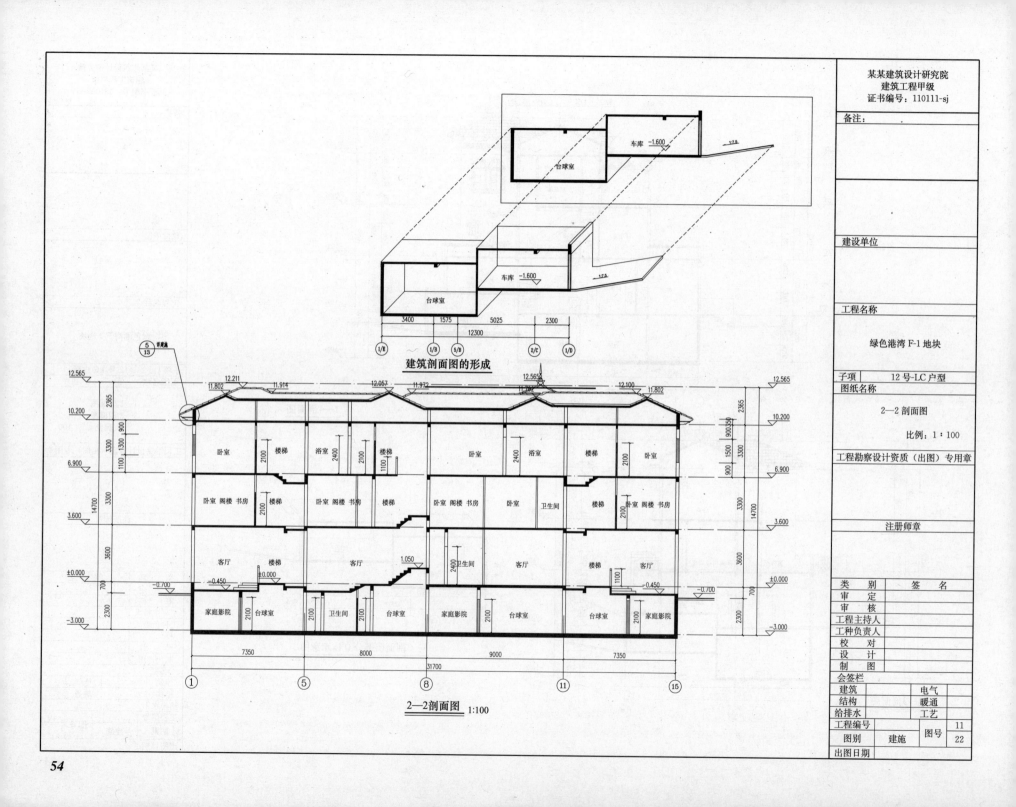

车库 -1.600

台球室

车库 -1.600

台球室

3400 1575 5025 2300

12300

1/E 1/B 5/B 2/C 1/D

建筑剖面图的形成

某某建筑设计研究院
建筑工程甲级
证书编号：110111-sj

备注：

建设单位

工程名称

绿色港湾 F-1 地块

子项 12 号-LC 户型

图纸名称

2—2 剖面图

比例：1：100

工程勘察设计资质（出图）专用章

注册师章

类 别	签 名
审 定	
审 核	
工程主持人	
工种负责人	
校 对	
设 计	
制 图	
会签栏	
建筑	电气
结构	暖通
给排水	工艺

工程编号		11
图别	建施	图号
		22
出图日期		

12.565 12.211 11.914 12.057 11.972 12.565 12.100 11.802 12.565
11.802
10.200 10.200
2365 2365

卧室 楼梯 浴室 楼梯 卧室 浴室 楼梯 卧室
2100 2400 2100 2400 2100
6.900 6.900
3300 3300

卧室 阁楼 书房 楼梯 卧室 阁楼 书房 楼梯 卧室 阁楼 书房 卧室 卫生间 楼梯 卧室 阁楼 书房
14700 2100 2100 2100 14700
3.600 3.600
3300 3300

客厅 楼梯 客厅 1.050 卫生间 客厅 楼梯 客厅
3600 2400 3600
±0.000 ±0.000 ±0.000
-0.700 -0.450 -0.450 -0.700
700 700

家庭影院 台球室 卫生间 台球室 家庭影院 台球室 台球室 家庭影院
2300 2100 2100 2100 2100 2300
-3.000 -3.000

7350 8000 9000 7350

31700

① ⑤ ⑧ ⑪ ⑮

2—2剖面图 1:100

54

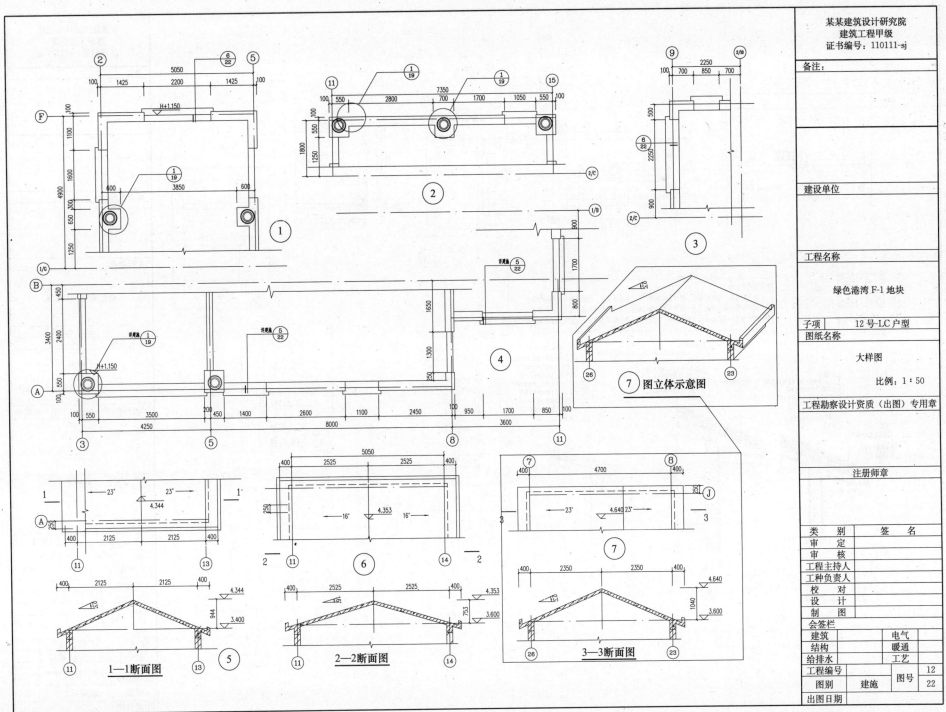

① ② ③ ④

1—1断面图 ⑤

2—2断面图

3—3断面图

⑦ 图立体示意图

某某建筑设计研究院
建筑工程甲级
证书编号：110111-sj

备注：

建设单位

工程名称

绿色港湾 F-1 地块

子项	12 号-LC 户型

图纸名称

大样图

比例：1：50

工程勘察设计资质（出图）专用章

注册师章

类　别	签　　名
审　定	
审　核	
工程主持人	
工种负责人	
校　对	
设　计	
制　图	

会签栏		
建筑		电气
结构		暖通
给排水		工艺

工程编号		图号	12
图别	建施		22
出图日期			

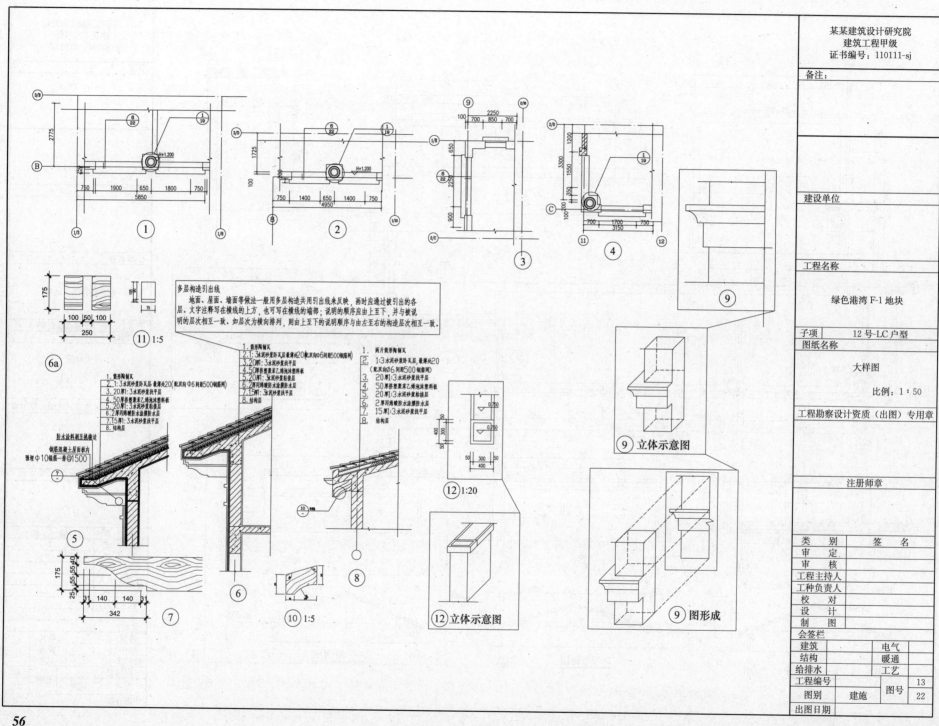

多层构造引出线
地面、屋面、墙面等做法一般用多层共用引出线来反映。画时应通过引出线的各层。文字注释写在横线的上方，也可写在横线的端部；说明的顺序应由上至下，并与被说明的层次相互一致。如层次为横向排列，则由上至下的说明顺序与由左至右的构造层次相互一致。

⑪ 1:5

⑥a

1. 黄形陶制瓦
2. 1:3水泥砂浆卧瓦层最薄处20(配双向Φ6间距500钢筋网)
3. 20厚1:3水泥砂浆找平层
4. 50厚挤塑聚苯乙烯泡沫塑料板
5. 20厚1:3水泥砂浆粘接层
6. 2厚丙烯酸防水涂膜防水层
7. 15厚1:3水泥砂浆找平层
8. 结构层

1. 黄形陶制瓦
2. 1:3水泥砂浆卧瓦层最薄处20(配双向Φ6间距500钢筋网)
3. 20厚1:3水泥砂浆找平层
4. 50厚挤塑聚苯乙烯泡沫塑料板
5. 20厚1:3水泥砂浆粘接层
6. 2厚丙烯酸防水涂膜防水层
7. 15厚1:3水泥砂浆找平层
8. 结构层

1. 两片筒形陶瓦
2. 1:3水泥砂浆卧瓦层最薄处20(配双向Φ6间距500钢筋网)
3. 20厚1:3水泥砂浆找平层
4. 50厚挤塑聚苯乙烯泡沫塑料板
5. 20厚1:3水泥砂浆粘接层
6. 2厚丙烯酸防水涂膜防水层
7. 15厚1:3水泥砂浆找平层
8. 结构层

防水涂料刷至基墙边
钢筋混凝土屋面板内
预埋Φ10锚筋一排@1500

⑤ ⑥ ⑦ ⑧
⑩ 1:5
⑫ 1:20

⑨ 立体示意图
⑫ 立体示意图
⑨ 图形成

某某建筑设计研究院
建筑工程甲级
证书编号：110111-sj

备注：

建设单位

工程名称

绿色港湾 F-1 地块

子项　12 号-LC 户型
图纸名称

大样图

比例：1：50

工程勘察设计资质（出图）专用章

注册师章

类　　别	签　　名
审　　定	
审　　核	
工程主持人	
工种负责人	
校　　对	
设　　计	
制　　图	

会签栏

建筑	电气
结构	暖通
给排水	工艺

工程编号
图别　建施
图号 13/22
出图日期

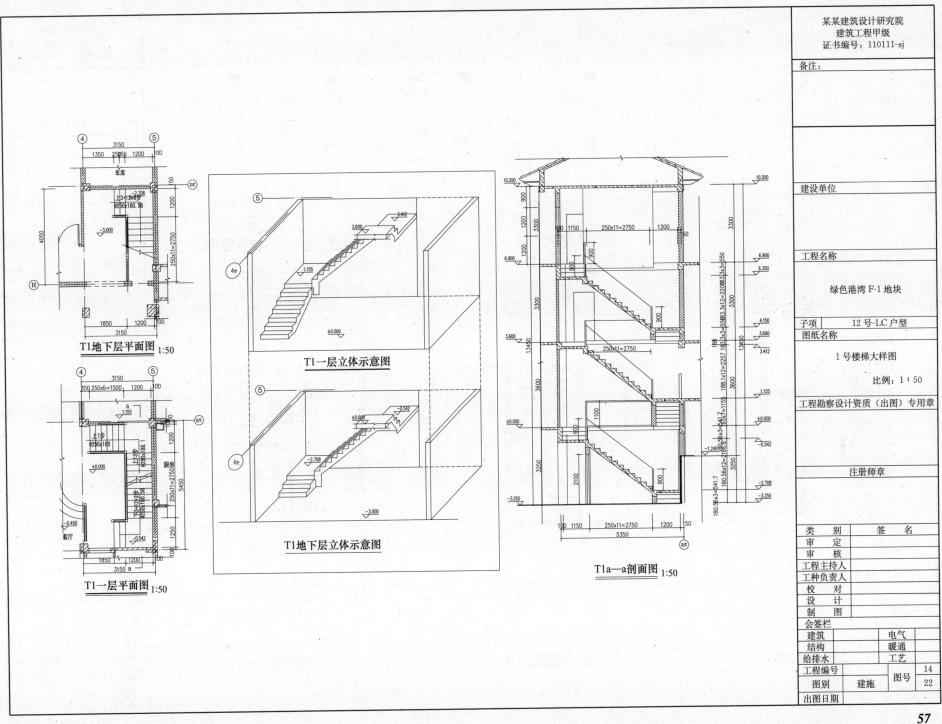

T1地下层平面图 1:50

T1一层平面图 1:50

T1一层立体示意图

T1地下层立体示意图

T1a—a剖面图 1:50

某某建筑设计研究院
建筑工程甲级
证书编号：110111-sj

备注：

建设单位

工程名称

绿色港湾 F-1 地块

子项　12 号-LC 户型

图纸名称

1 号楼梯大样图

比例：1：50

工程勘察设计资质（出图）专用章

注册师章

类　别	签　名
审　定	
审　核	
工程主持人	
工种负责人	
校　对	
设　计	
制　图	

会签栏

建筑		电气	
结构		暖通	
给排水		工艺	
工程编号			14
图别	建施	图号	22
出图日期			

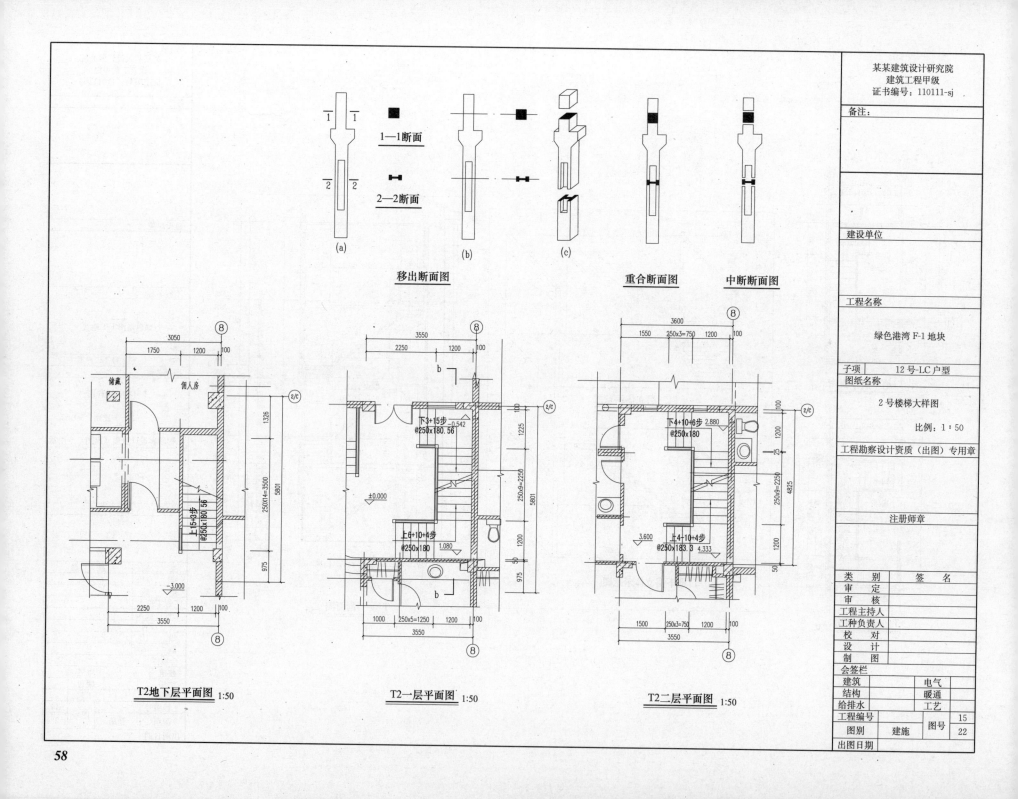

移出断面图

1—1断面

2—2断面

(a)　(b)　(c)

重合断面图　中断断面图

T2地下层平面图 1:50

储藏　佣人房

3050
1750　1200　100

上15+3步
@250×180.56

1326

250×14=3500
5801

975

−3.000

2250　1200　100
3550

8

z/c

T2一层平面图 1:50

3550
2250　1200　100

下3+15步 −0.542
@250×180.56

±0.000

上6+10+4步
@250×180
1.080

1225

250×9=2250
5801

1200

975

50

b

b

1000　250×5=1250　1200　100
3550

8

z/c

T2二层平面图 1:50

3600
1550　250×3=750　1200　100

下4+10+6步 2.880
@250×180

3.600

上4+10+4步
@250×183.3 4.333

1200

25

250×9=2250
4825

1200

50

1500　250×3=750　1200　100
3550

8

z/c

某某建筑设计研究院
建筑工程甲级
证书编号：110111-sj

备注：

建设单位

工程名称

绿色港湾 F-1 地块

子项　12 号-LC 户型

图纸名称

2 号楼梯大样图

比例：1：50

工程勘察设计资质（出图）专用章

注册师章

类　别	签　名
审　定	
审　核	
工程主持人	
工种负责人	
校　对	
设　计	
制　图	

会签栏

建筑	电气
结构	暖通
给排水	工艺

工程编号		图号	15
图别	建施		22

出图日期

58

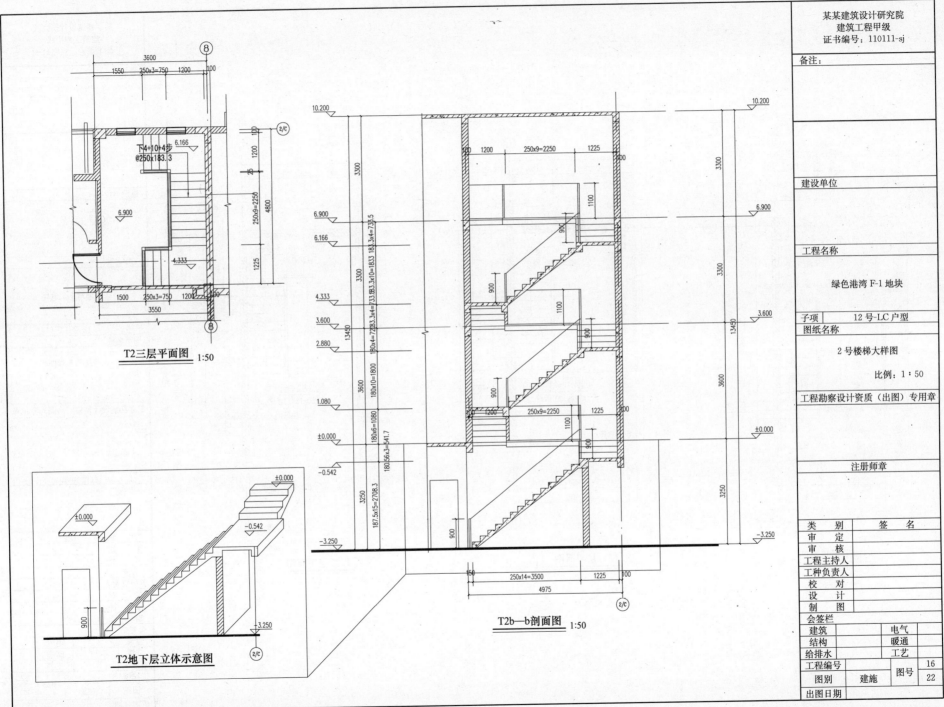

T2三层平面图 1:50

T2地下层立体示意图

T2b—b剖面图 1:50

某某建筑设计研究院
建筑工程甲级
证书编号：110111-sj

备注：

建设单位

工程名称

绿色港湾 F-1 地块

子项　12 号-LC 户型
图纸名称

2 号楼梯大样图

比例：1：50

工程勘察设计资质（出图）专用章

注册师章

类　别	签　名
审　定	
审　核	
工程主持人	
工种负责人	
校　对	
设　计	
制　图	

会签栏
建筑	电气
结构	暖通
给排水	工艺

工程编号		16
图别　建施	图号	22
出图日期		

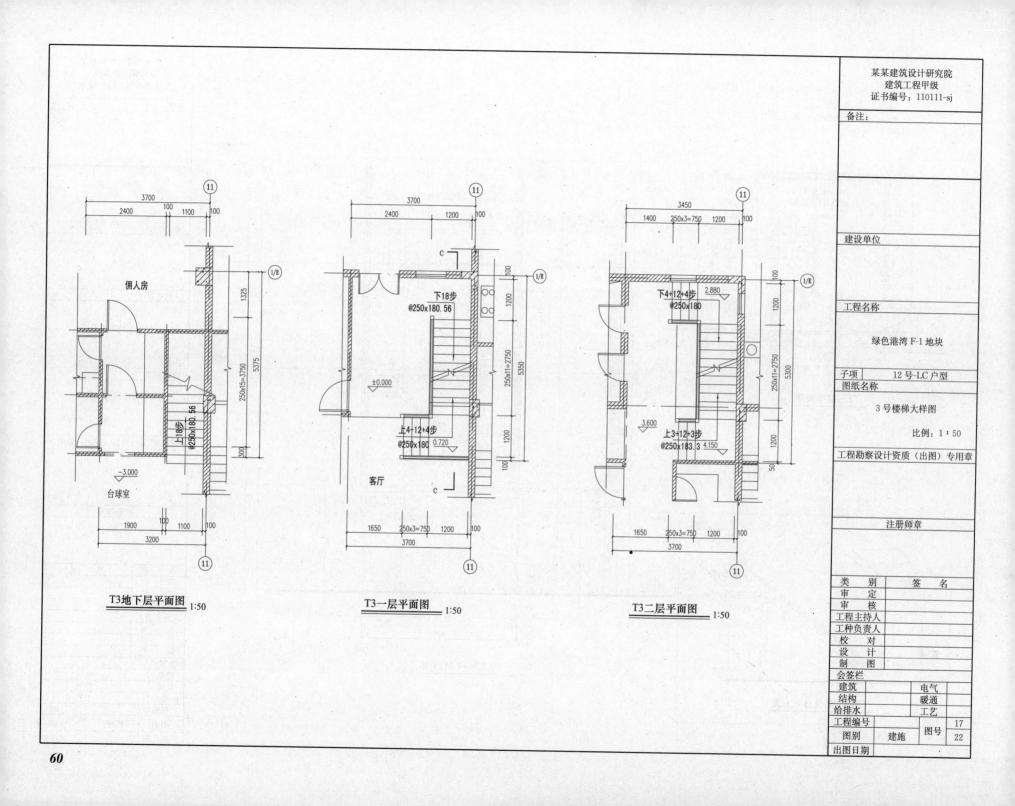

T3地下层平面图 1:50

T3一层平面图 1:50

T3二层平面图 1:50

佣人房

上18步
@250x180.56

下18步
@250x180.56

−3.000

台球室

3700
2400   100   1100   100
1325
250x15=3750
5375
300
1900   100   1100   100
3200

下18步
@250x180.56

±0.000

上4+12+4步
@250x180   0.720

客厅

C

C

3700
2400   1200   100
100
1200
250x11=2750
5350
1200
100
1650   250x3=750   1200   100
3700

11

11

1/E

下4+12+4步
@250x180
2.880

3.600

上3+12+3步
@250x183.3   4.150

3450
1400   250x3=750   1200   100
100
1200
250x11=2750
5300
1200
50
1650   250x3=750   1200   100
3700

11

11

1/E

某某建筑设计研究院
建筑工程甲级
证书编号：110111-sj

备注：

建设单位

工程名称

绿色港湾 F-1 地块

子项   12 号-LC 户型

图纸名称

3 号楼梯大样图

比例：1：50

工程勘察设计资质（出图）专用章

注册师章

类　别	签　名
审　定	
审　核	
工程主持人	
工种负责人	
校　对	
设　计	
制　图	

会签栏

建筑	电气
结构	暖通
给排水	工艺

工程编号		图号	17
图别	建施		22
出图日期			

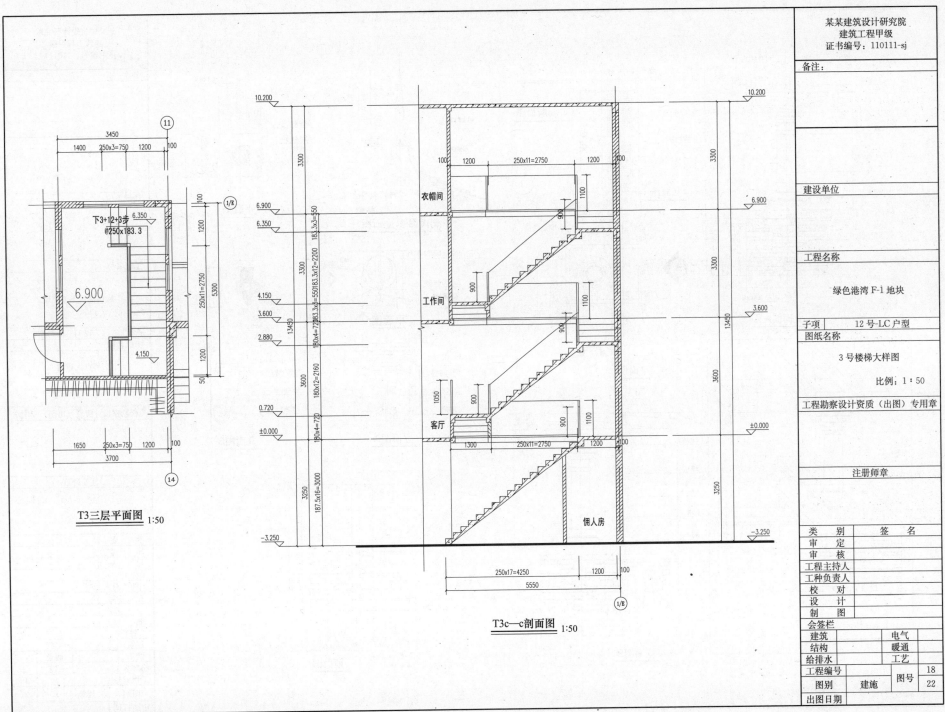

T3三层平面图 1:50

下3+12+3步
@250x183.3

6.900

6.350

4.150

3450
1400　250x3=750　1200　100

1200
100

5300

250x11=2750

1200

50

1650　250x3=750　1200　100
3700

⑪

⑭

1/E

T3c—c剖面图 1:50

10.200

衣帽间

工作间

客厅

佣人房

6.900

6.350

4.150

3.600

2.880

0.720

±0.000

-3.250

3300

3300

3300

3600

3250

13450

183.3x3=550

183.3x12=2200
250x11=2750

180x4=720

180x12=2160

180x4=720

187.5x16=3000

10.200

6.900

3.600

±0.000

-3.250

3300

3300

3600

3250

13450

100　1200　250x11=2750　1200　100

1100

900

900

1100

900

900

1100

900

1050

900

1300　250x11=2750　1200　100

250x17=4250　1200　100
5550

1/E

某某建筑设计研究院
建筑工程甲级
证书编号：110111-sj

备注：

建设单位

工程名称

绿色港湾 F-1 地块

| 子项 | 12 号-LC 户型 |

图纸名称

3 号楼梯大样图

比例：1：50

工程勘察设计资质（出图）专用章

注册师章

类　别	签　名
审　定	
审　核	
工程主持人	
工种负责人	
校　对	
设　计	
制　图	

会签栏

建筑	电气
结构	暖通
给排水	工艺

工程编号		图号	18
图别	建施		22
出图日期			

61

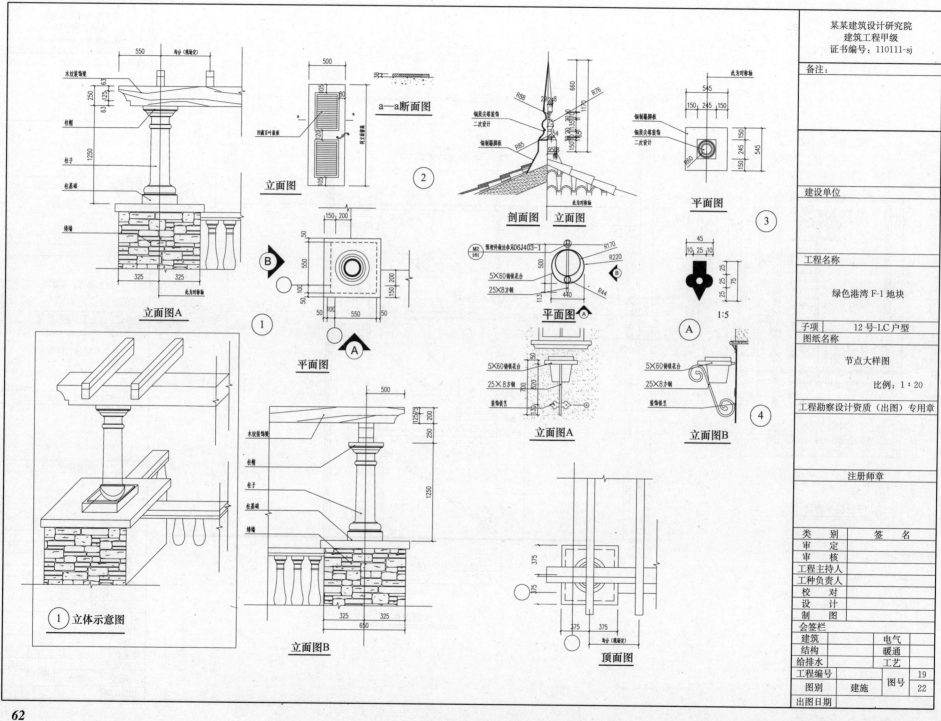

木纹装饰梁

柱帽

柱子

柱基础

绿墙

325 325

此为对察轴

立面图A

① 立体示意图

550 均分(现场定)

250
125
63
63

1250

325 325

立面图A

凹藏百叶察窗

立面图

a—a断面图

② 平面图

剖面图 立面图

平面图

立面图A

立面图B

顶面图

木纹装饰梁

柱帽

柱子

柱基础

绿墙

500

立面图B

某某建筑设计研究院
建筑工程甲级
证书编号：110111-sj

备注：

建设单位

工程名称

绿色港湾 F-1 地块

子项 12 号-LC 户型

图纸名称

节点大样图

比例：1：20

工程勘察设计资质（出图）专用章

注册师章

类 别	签 名
审 定	
审 核	
工程主持人	
工种负责人	
校 对	
设 计	
制 图	

会签栏

建筑	电气
结构	暖通
给排水	工艺

工程编号		图号	19
图别	建施		22

出图日期

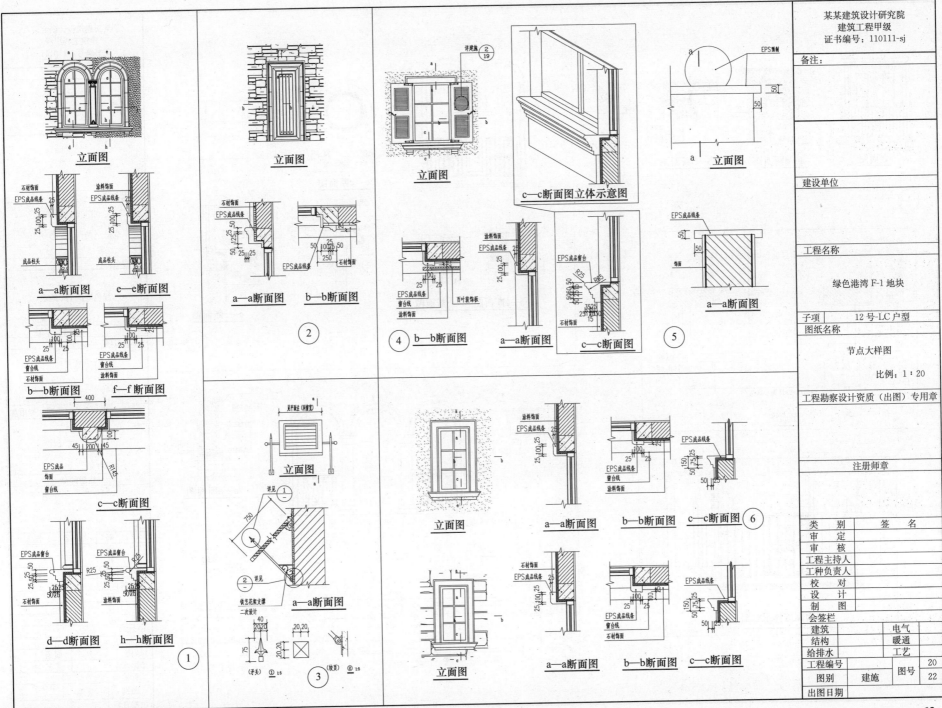

立面图

a—a断面图　　e—e断面图

b—b断面图　　f—f断面图

c—c断面图

d—d断面图　　h—h断面图

①

立面图

a—a断面图　　b—b断面图

②

立面图

①详见　②详见

铁艺花架支撑
二次设计

a—a断面图

③

立面图

c—c断面图立体示意图

b—b断面图　　a—a断面图

c—c断面图

④

a—a断面图

立面图

a—a断面图

⑤

立面图

a—a断面图　　b—b断面图　　c—c断面图

立面图

a—a断面图　　b—b断面图　　c—c断面图

⑥

某某建筑设计研究院
建筑工程甲级
证书编号：110111-sj

备注：

建设单位

工程名称

绿色港湾 F-1 地块

子项　12 号-LC 户型
图纸名称

节点大样图

比例：1：20

工程勘察设计资质（出图）专用章

注册师章

类　别	签　名	
审　定		
审　核		
工程主持人		
工种负责人		
校　对		
设　计		
制　图		
会签栏		
建筑	电气	
结构	暖通	
给排水	工艺	
工程编号		20
图别	建施	图号	22
出图日期		

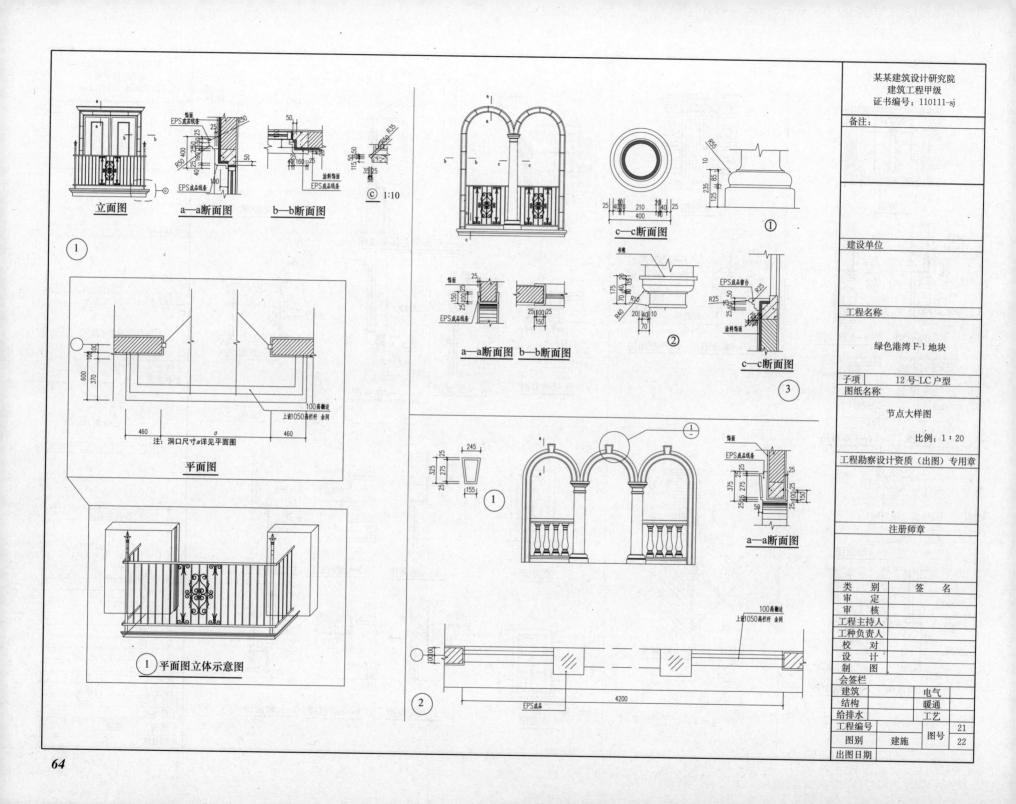

立面图

a—a断面图

b—b断面图

© 1:10

①

平面图

① 平面图立体示意图

c—c断面图

①

a—a断面图　b—b断面图

②

c—c断面图

③

①

a—a断面图

②

某某建筑设计研究院
建筑工程甲级
证书编号：110111-sj

备注：	

建设单位	

工程名称	
绿色港湾 F-1 地块	

子项	12号-LC 户型
图纸名称	
节点大样图	
比例：1:20	
工程勘察设计资质（出图）专用章	

注册师章

类　别	签　名	
审　定		
审　核		
工程主持人		
工种负责人		
校　对		
设　计		
制　图		
会签栏		
建筑		电气
结构		暖通
给排水		工艺
工程编号		21
图别	建施	图号 22
出图日期		

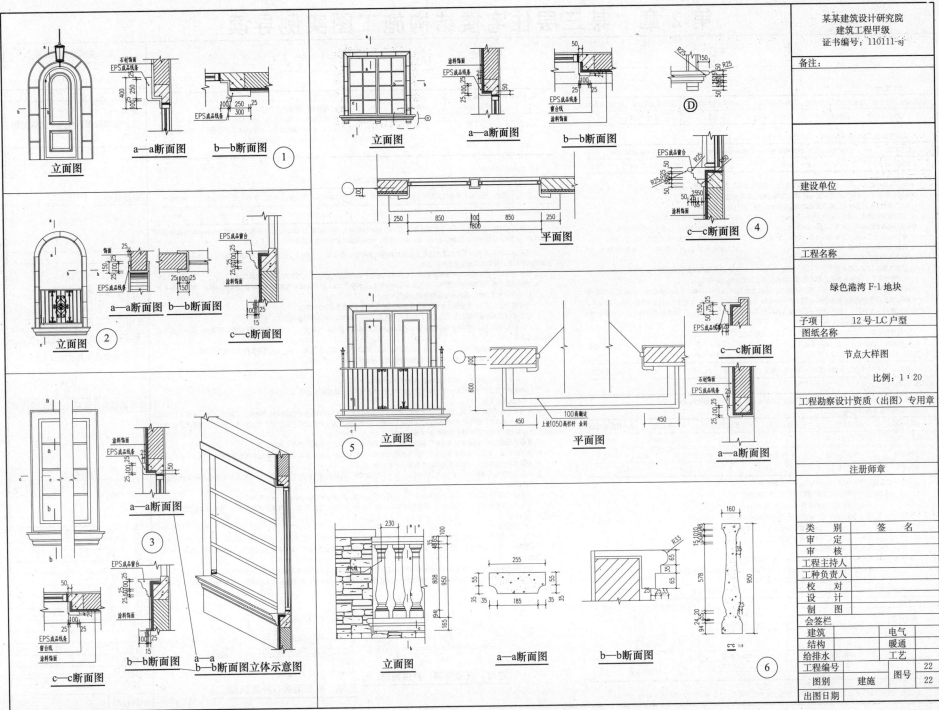

某某建筑设计研究院
建筑工程甲级
证书编号：110111-sj

备注：

建设单位

工程名称

绿色港湾 F-1 地块

子项	12 号-LC 户型

图纸名称

节点大样图

比例：1：20

工程勘察设计资质（出图）专用章

注册师章

类 别	签 名		
审 定			
审 核			
工程主持人			
工种负责人			
校 对			
设 计			
制 图			
会签栏			
建筑		电气	
结构		暖通	
给排水		工艺	
工程编号			22
图别	建施	图号	22
出图日期			

立面图　　a—a断面图　　b—b断面图　①

立面图　　a—a断面图　　b—b断面图　　c—c断面图　②

立面图　　a—a断面图　　b—b断面图　　c—c断面图　　a—a断面图　b—b断面图立体示意图　③

立面图　　a—a断面图　　b—b断面图　　c—c断面图　④

立面图　　平面图　　a—a断面图　⑤

立面图　　a—a断面图　　b—b断面图　⑥

第2章 某三层住宅楼结构施工图实例导读

结 构 设 计 总 说 明（一）

一、设计依据

建筑结构安全等级	建筑物抗震设防类别	抗震设防烈度	设计基本地震 加速度	建筑物场地类别	人防抗力级别
二级	丙类	7度（第一组）	0.10g	Ⅱ类	

1. 结构形式为：异形柱框架结构 主体抗震等级为三级

基本风压	基本雪压	地面粗糙度	建筑耐火等级	结构构件耐火极限（h）		
0.35kN/m²	0.45kN/m²	B类	二	1.5（梁）	1.0（板）	2.5（柱）

2. 设计使用年限为50年，混凝土结构环境类别：总体地面以下为二（a）类，地面以上为一类。
卫生间、浴室等室内潮湿环境为二（a）类；混凝土构件露天环境为二（a）类。

3. 本工程主要采用的国家、部委及地方制定的设计、施工现行规范及规程。

1) 房屋建筑制图统一标准 GB/T 50001—2001
2) 建筑结构制图标准 GB/T 50105—2001
3) 建筑结构荷载规范（2006版）GB 50009—2001
4) 混凝土结构设计规范 GB 50010—2002
5) 建筑抗震设计规范（2008版）GB 50011—2002
6) 混凝土异形柱结构技术规程 JGJ 149—2006
7) 砌体结构设计规范 GB 50003—2001
8) 建筑工程抗震设防分类标准 GB 50223—2008
9) 混凝土结构工程施工质量验收规范 GB 50204—2002
10) 建筑地基基础工程施工质量验收规范 GB 50202—2002
11) 建筑地基基础设计规范 GB 50007—2002

4. 地质勘察：由建设工程勘察设计院提供本工程详细勘察报告书。
地质基本情况为：1层素填土，承载力特征值 f_{ak}=120kPa；2-1层粉质黏土，承载力特征值 f_{ak}=70kPa；2-2层粉质黏土，承载力特征值 f_{ak}=170kPa；2-3层粉质黏土，承载力特征值 f_{ak}=110kPa；3层黏土，承载力特征值 f_{ak}=230kPa；4层黏质粉土，承载力特征值 f_{ak}=170kPa；5-1层粉土，承载力特征值 f_{ak}=190kPa；5-2层粉夹粉砂，承载力特征值 f_{ak}=260kPa；

5. 室内地面标高±0.000 相当于绝对高程11.90m（吴淞高程）。

6. 特殊楼面、地面可变荷载（使用荷载）标准值及主要设备控制荷载标准值（单位：kN/m²）。其他常规荷载按《建筑结构荷载规范》（2006版）（GB 50009—2001）；栏杆顶部水平荷载为0.5kN/m。

部位	客厅、卧室、餐厅、卫生间、厨房		楼梯	阳台	储藏室	不上人屋面
荷载 （kN/m²）	2.0		2.5	2.5	3.5	0.5

* 注：未经技术鉴定或设计许可，不得改变结构的用途，不得使用环境和使用荷载。

二、结构体系及基础形式

结构体系	结构类型	主体地上层数	主体地下层数	主体高度	地下室防水等级
混凝土结构	异形柱框架结构	3	1	10.200m	P6

基础形式	地基持力层	地基液化等级	承载力特征值	地基基础设计等级
独立基础	3层黏土	无液化	f_{ak}=230kPa	丙级

三、主要建筑材料技术指标（结构材料应具有合格证明）

1. (1) 热轧钢筋：Φ HPB 235 光圆钢筋 $f_y=f'_y$=210N/mm²
Φ HRB 335 变形钢筋 $f_y=f'_y$=300N/mm²
Φ HRB 400 变形钢筋 $f_y=f'_y$=360N/mm²

钢筋使用前应按《混凝土结构工程施工质量验收规范》（GB 50204—2002）
第5.2.2条进行检测，未经许可不可对钢筋进行代换。

(2) 钢材：Q235B钢板、热轧普通型钢。

(3) 焊条：
E43系列用于焊接HPB235级钢筋、Q235钢板及型钢；
E50系列用于焊接HRB335级钢筋；E55系列用于焊接HRB400级钢筋。
不同级别钢筋焊接按照各级别材料连接的焊条。

2. 填充墙砌块及砂浆、成品墙板（填充墙施工参见06CG01、皖2008J120图集）。

位置		外墙	其他填充墙	
砌块材料		煤矸石空心砖 （20mm厚）	煤矸石空心砖 （200、120mm厚）	厕所四周混凝土卷边200mm高。
砖强度等级砖 抗压强度		MU5.0	MU5.0	
砂浆材料	地上	M5.0 混合砂浆	M5.0 混合砂浆	
	地下	M5.0 水泥砂浆	M5.0 水泥砂浆	
砌块允许容重		≤9kN/m³	≤9kN/m³	

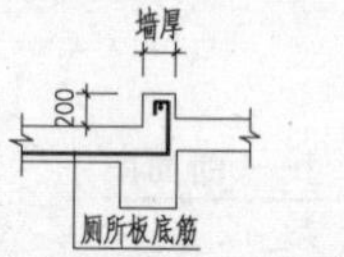

3. 混凝土强度等级、耐久性基本要求详见《混凝土结构设计规范》（GB 50010—2002）表3.4.2。

部位标高 构件	基础顶～ 一层面	一层面～ 屋顶
墙柱	C30	C25
梁板	C30	C25

注：（1）过梁、构造柱、圈梁统一为C20。
（2）无地下室时，基础、基础梁C30、垫层C15。
（3）水泥应选用水化热较低的品种，如矿渣硅酸盐水泥，严格控制砂石骨料含泥量及级配，控制水化热的升温及降温。

四、结构的一般说明

1. 受力纵筋混凝土保护层厚度（mm），凡未标明者均按下列取值：

位置	楼面、屋面梁	楼板及预制板	室外地面以下柱（墙）	室外地面以上柱（墙）	基础、承台	地下室底板	基础梁
保持层厚度	25	15	30 (20)	30 (15)	40	35	30

注：混凝土保护层厚度且不应小于纵筋直径。二（a）类环境的梁为30mm；板为20mm。迎水面保护层厚度>40mm时应设钢筋网片 Φ4@200×200，端部锚固长度为250mm，梁、柱向箍筋、钢筋网的保护层厚度不应小于15mm。

2. 直径 d≤22mm 的纵向受力钢筋的连接宜采用机械连接或焊接，框架梁、柱纵向钢筋接头，抗震等级一级和二级的各部分，以及三级的底层柱柱，应采用机械连接或焊接接头。

3. 除注明者外，楼面梁或板钢筋应搭接，上部钢筋在跨中 1/3 范围内搭接，下部钢筋只能在支座内搭接。

4. 钢筋在混凝土、柱的纵向钢筋伸入承台或基础内锚固长度不小于 L_{aE}，且伸入承台或基础内的竖直段长度≥20d，弯折后的水平段≥10d，在承台或承台梁范围内加锚纵筋的稳定箍筋三道。

5. 跨度大于 4m 或悬挑长度 2m 的梁应起拱，起拱高度为全跨长度的 1/500。

6. 纵向受拉钢筋的最小锚固长度 l_a、l_{aE} 按国标图集03G101-1 第 33、34 页中的要求施工。

注：当采用 HRB335、HRB400级钢筋直径 d>25mm 时锚固长度应乘以修正系数 1.1；当采用环氧树脂涂层钢筋时，其锚固长度应乘以修正系数 1.25。

7. 纵向受拉钢筋的搭接长度为，1.2l_{aE}（纵向钢筋接头面积为≤25%），搭接长度为 1.4l_{aE}（纵向钢筋接头面积为≤50%）。

8. 现浇混凝土外露雨罩、挑檐、女儿墙和挂板每隔12m用油毡隔开（钢筋不断）。

9. 型钢及钢板焊接
(1) 两种不同钢材连接时，采用与低强度钢材相适应的焊接材料；
(2) 熔透焊缝按二级焊缝检验标准，焊缝符号按《建筑钢结构焊接技术规程》（JGJ 81—2002）。

五、基础及地下工程

1. 基坑开挖时必须降水至施工面以下500mm，并应采取完善的支护措施确保边坡稳定和周围建筑物、道路的安全。基槽采用机械开挖时，只挖到基础设计标高以上300mm，余下由人工开挖，以保证基底置于未扰动的土层。图中所注基底标高为基础所需的最小埋深，各基础实际埋深以基础进入持力层下≥200mm为准。

2. 基础垫层施工前，必须通过有关部门验槽，确认承载力满足设计要求，并进行隐蔽工程验收。

3. 地下室底板、承台、基础梁等大体积混凝土连续浇筑时，应加强养护，采取有效措施减少水化热有害影响。

4. 底层室内排水管沟、轻型设备基础应根据相关专业的要求。

5. 基坑土方开挖完成后应立即对基坑进行封闭，防止水浸和曝晒，并应及时进行地下结构施工；基坑土方开挖应严格按设计要求进行，不得超挖。

6. 基础施工完毕应及时回填土，柱四周应同时回填并分层夯实，每层厚不得>300mm，压实系数≤0.94。

7. 独立柱基底板宽度 B≥2500mm时，底板钢筋可取 0.9l（l=B-50mm）交错放置（双柱联合基础除外），基础板钢筋放置：长跨在下，短跨在上。

六、框架构造要求

1. 框架梁、柱配筋及节点抗震构造要求（除单项图纸注明外）应按国标图集03G101-1（修订版）第 35～41、46～55、61、65～68 页中的构造施工。梁中附加箍筋、吊筋及腹筋腰筋构造详见 63 页。除单项图纸注明外，梁侧向纵筋间距>200mm时，第 200mm 置 2Φ12 腰筋。

2. 梁平面配筋表示法按中国建筑标准设计研究所出版的《混凝土结构施工图平面整体表示法制图规则和构造详图》03G101-1进行。梁补充构造详图见三。主次梁交接处（除注明者外），次梁两侧箍筋附加各3根@50，箍筋直径同主梁箍筋；截面等高时次梁主筋置于主梁主筋之上。

3. 框架梁一端支承在梁（KL, L）上，该端梁箍筋不需设加密区。

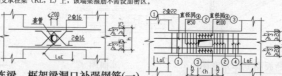

连梁，框架梁洞口补强钢筋（一）

连梁，框架梁洞口补强钢筋（二）

某某建筑设计研究院
建筑工程甲级
证书编号：110111-sj

备注：

警告：
本结构图不得用于实施工程套用

建设单位

工程名称

绿色港湾 F-1 地块

子项 12号-LC户型

图纸名称

建筑设计总说明（一）

比例：1：100

工程勘察设计资质（出图）专用章

注册师章

类 别	签 名
审 定	
审 核	
工程主持人	
工种负责人	
校 对	
设 计	
制 图	
会签栏	
建筑	电气
结构	暖通
给排水	工艺

工程编号			图号	1
图别	结施			27
出图日期				

结 构 设 计 总 说 明 （二）

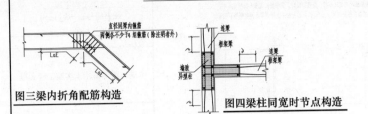

图三梁内折角配筋构造

图四梁柱同宽时节点构造

4. 有悬挑端的框架梁、次梁，纵筋构造见图五。

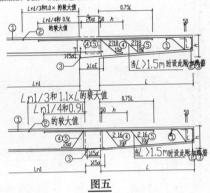

图五

七、楼板

1. 未注明楼板支座负筋长度未标注尺寸界线时，负筋下方的标注数值为自梁（混凝土墙、柱）边起算的钢筋实际直段长度。对于板底钢筋，短方向放在下层。

2. 楼板钢筋伸入梁内时，板底锚固长度为≥5d且伸至梁中心线，板负筋锚固为La，板筋伸入钢筋混凝土墙体、框架柱时，楼板负筋、底筋锚固长度均为La。

3. 对于主体屋顶层及其下面一层楼板的外墙阳角处及阴角处，对于端板板跨≥4m板的端角处或图中有

※※※ 符号处，应在板1/3短跨范围（且不短于2.0m）内板中部另加7Φ10加强筋，加强面筋分别与图纸所标注的同方向板筋间隔放置，见图六。

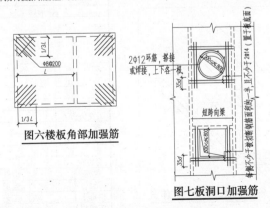

图六楼板角部加强筋

图七板洞口加强筋

4. 楼面（屋面）板开洞时，当洞口边长（直径）≤300mm，板内钢筋可以自行绕过；300mm<洞口边长（直径）<800mm时，除注明外，应在洞口边的板面及板底设置加强钢筋上下各2Φ14，并不小于被截断钢筋面积之和，见图七。

5. 楼面水、电管相交于无板面负筋处，在楼面增加钢筋网片Φ6@150×150，网片长×宽=600mm×600mm。受力钢筋的分布钢筋除注明者外均为Φ6@200。

6. 楼（屋）面后浇带在浇灌混凝土前必须将原混凝土打毛、清理、湿润，并将带内钢筋调直。

八、砌体填充墙

1. 所有内外墙转角、同外墙交接处应同时咬槎砌筑，与砌体填充墙连接的钢筋混凝土柱、构造柱应沿柱墙高每隔500mm配置2Φ6墙体拉筋，拉筋入墙长度，一、二级框架宜沿墙全长设置，三、四级框架不应小于墙长的1/5且不小于700mm。当砌体边为钢筋混凝土墙时，按此原则设置墙体拉筋。

2. 墙高度大于4.0m时，应在墙高度中部（一般结合门窗洞口上方过梁位置）设置通长的钢筋混凝土圈梁，圈梁截面为墙宽×240mm，配纵筋4Φ12，箍筋Φ6@200，柱（混凝土墙）施工时预埋4Φ12与圈梁焊接或搭接。圈梁遇过梁时，分别按截面、配筋较大者设置。电梯井圈梁，于门头设置。

3. 建筑外墙的阳角和阴角，大洞口两侧，楼电梯间四角（无柱时），墙长超过层高2倍时墙长中部，以及沿内、外墙超过于6.0m时墙长中部、屋顶女儿墙每隔约3.0m左右设置一根构造柱，柱截面为墙宽×240mm，配纵筋4Φ12箍筋Φ6@200，在上下楼层梁相应位置各预留4Φ12与构造柱纵筋连接。构造柱与墙交接处，应设置先砌墙后浇构造柱（有框架梁、墙除外）。

4. 柱、构造柱与墙连接、墙顶与梁、板连接做法详见06CG01、皖2008J120图集中的要求。

5. 砌体洞顶按下表采用钢筋混凝土过梁：

(1) 过梁长=L0+2×a 见图九。

(2) 洞顶高梁底距离小于混凝土过梁高度时，过梁与梁整浇见图十。

(3) 当洞口侧边离柱（混凝土墙）边不足a，柱（混凝土墙）施工时，在过梁纵筋相应位置预埋连接钢筋。

过梁表

洞口净跨 L0	L0<1000	1000≤L0<1500	1500≤L0<2000	2000≤L0<2500	2500≤L0<3000	3000≤L0<3500
梁高 h	120	120	150	180	240	300
支座长度 a	240	240	240	370	370	370
②	2Φ10	2Φ10	2Φ10	2Φ12	2Φ12	2Φ12
①	2Φ10	2Φ12	2Φ14	2Φ14	2Φ16	2Φ16

(4) 空心砌块外墙窗台处，设置现浇钢筋混凝土带，截面为墙厚×60mm，内配2Φ10，水平拉筋Φ6@200（两端各伸入墙内各240）。

九、其他

1. 所有预埋件，预留洞、吊钩等应严格按照结构专业，并配合相关专业进行施工。严禁擅自留洞、留水平槽。不得在承重墙上开设水平槽，不得在截面小于500mm的承重墙、柱内埋设管线。

2. 柱、构造柱、混凝土基础等兼作防雷接地时，相关联网的钢筋必须焊接，要求详电气施工图。

3. 悬臂构件必须在混凝土强度等级达到100%设计强度，且抗倾覆部分施工结束后，方可拆除支撑。

4. 除注明外，本工程全部尺寸除标高以米（m）为单位外，其他均以毫米（mm）为单位。

5. 本工程结构分析采用中国建筑科学研究院PKPM系列软件。

6. 施工时应详细阅读图纸，要求建筑、结构、水、暖、电各工种密切配合，所有预留孔、洞及预埋管、预埋件应事先留置，不得后凿，请按照现行施工及验收规范精心确保工程质量，并按规范要求进行检验及验收。

7. 另行委托设计部分，如屋顶钢构、雨篷、幕墙等应经我院相关设计人员审查认可。

8. 未尽事宜详见国家、地方有关规范、规程、规定。

《混凝土结构设计规范》（GB 50010—2002）表 3.4.2

混凝土结构的环境类别及结构混凝土耐久性的基本要求：

环境类别	最大水灰比	最小水泥用量	最大氯离子含量	最大碱含量
一	0.65	225kg/m³	1.0%	不限制
二 a	0.60	250kg/m³	0.3%	3.0kg/m³
五	0.50	300kg/m³	0.2%	2.0kg/m³

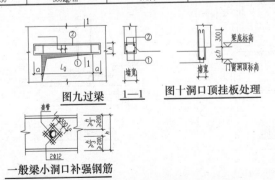

图九过梁　**1—1**　**图十洞口顶挂板处理**

一般梁小洞口补强钢筋

某某建筑设计研究院
建筑工程甲级
证书编号：110111-sj

备注：

本结构图不得用于实施工程套用

建设单位

工程名称

绿色港湾 F-1 地块

子项　12 号-LC 户型

图纸名称　建筑设计总说明（二）

比例：1：100

工程勘察设计资质（出图）专用章

注册师章

类 别	签 名
审 定	
审 核	
工程主持人	
工种负责人	
校 对	
设 计	
制 图	

会签栏

建筑	电气
结构	暖通
给排水	工艺

工程编号		2
图别	结施	图号 27
出图日期		2010.3

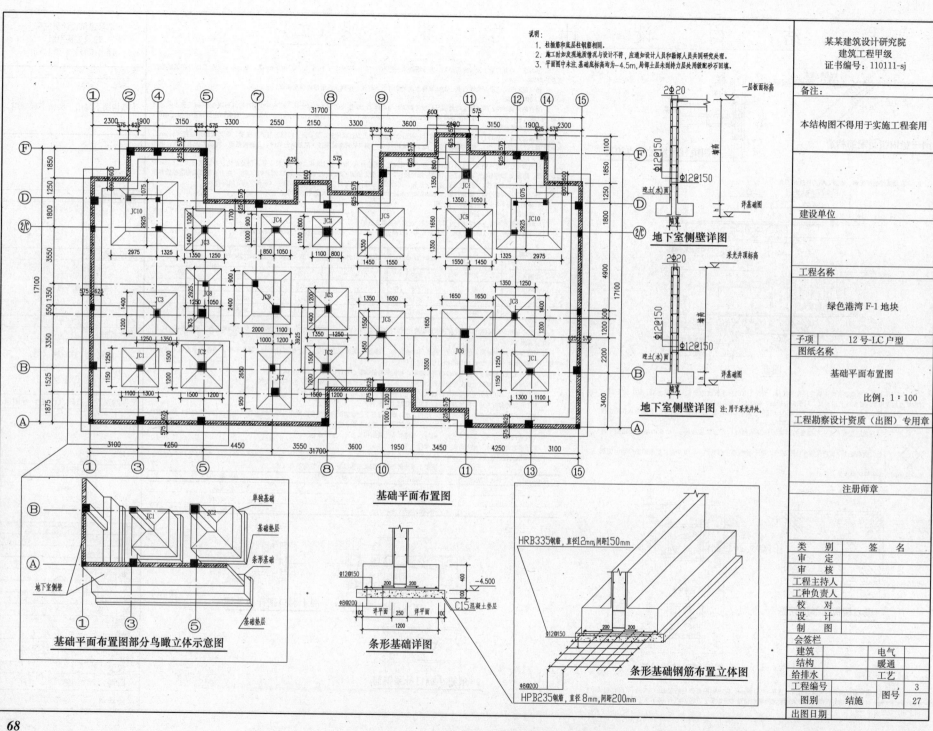

说明:
1. 柱插筋和底层柱钢筋相同。
2. 施工时如发现地质情况与设计不符,应通知设计人员和勘探人员共同研究处理。
3. 平面图中未注,基础底标高均为−4.5m,局部土层未到持力层处用级配砂石回填。

地下室侧壁详图

地下室侧壁详图 注:用于采光井处。

基础平面布置图部分鸟瞰立体示意图

条形基础详图

HRB335钢筋,直径12mm,间距150mm

HPB235钢筋,直径8mm,间距200mm

条形基础钢筋布置立体图

基础平面布置图

某某建筑设计研究院
建筑工程甲级
证书编号:110111-sj

备注:

本结构图不得用于实施工程套用

建设单位

工程名称

绿色港湾 F-1 地块

子项　12 号-LC 户型

图纸名称

基础平面布置图

比例:1:100

工程勘察设计资质(出图)专用章

注册师章

类　别	签　名
审　定	
审　核	
工程主持人	
工种负责人	
校　对	
设　计	
制　图	

会签栏

建筑		电气	
结构		暖通	
给排水		工艺	

工程编号		3
图别	结施	图号　27
出图日期		

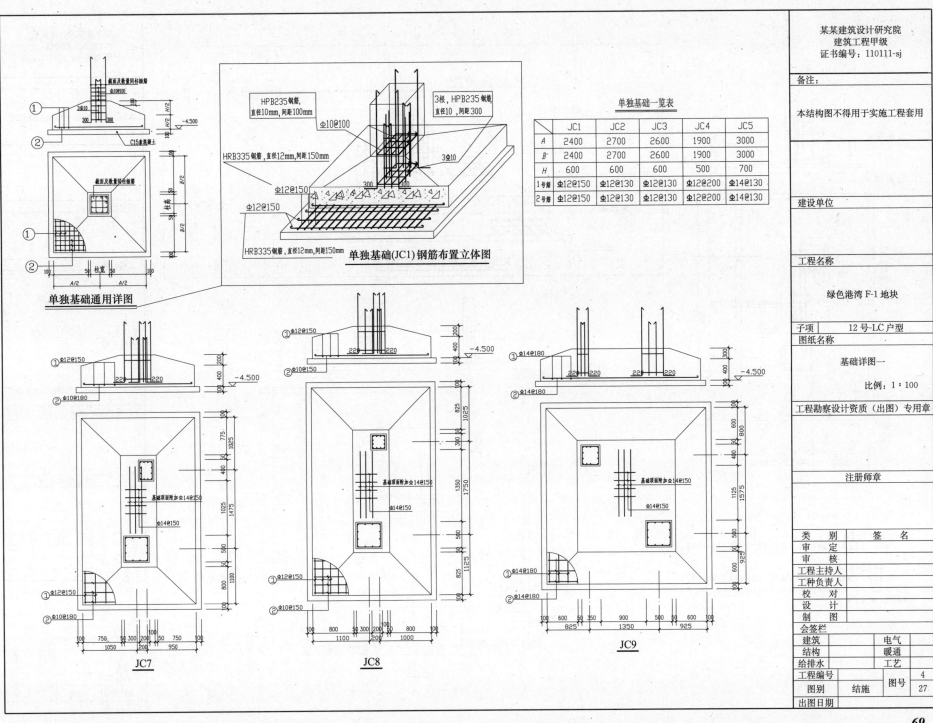

单独基础通用详图

单独基础(JC1)钢筋布置立体图

某某建筑设计研究院
建筑工程甲级
证书编号：110111-sj

备注：

本结构图不得用于实施工程套用

单独基础一览表

	JC1	JC2	JC3	JC4	JC5
A	2400	2700	2600	1900	3000
B'	2400	2700	2600	1900	3000
H	600	600	600	500	700
1号筋	Φ12@150	Φ12@130	Φ12@130	Φ12@200	Φ14@130
2号筋	Φ12@150	Φ12@130	Φ12@130	Φ12@200	Φ14@130

建设单位

工程名称

绿色港湾 F-1 地块

子项	12 号-LC 户型

图纸名称

基础详图一

比例：1：100

工程勘察设计资质（出图）专用章

注册师章

类　别	签　名
审　定	
审　核	
工程主持人	
工种负责人	
校　对	
设　计	
制　图	

会签栏

建筑	电气
结构	暖通
给排水	工艺

工程编号		4
图别	结施	图号 27
出图日期		

JC7

JC8

JC9

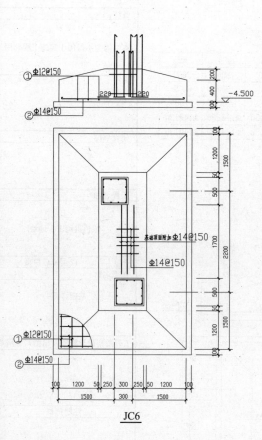

① Φ12@150

② Φ14@150

200
400
-4.500
100

100
1200
1500
50
500
1700
2200
500
1500
1200
100

基础顶面附加Φ14@150

Φ14@150

① Φ12@150

② Φ14@150

100 1200 50 250 300 250 50 1200 100
1500 300 1500

JC6

1．基础详图的形成
用较大的比例画出基础局部构造的图，如基础的细部尺寸、形状、材料做法及基础埋置深度等。
2．基础详图的主要内容
图名与比例应有轴线及其编号。基础的详细尺寸，如基础墙的厚度，基础的宽、高、垫层的厚度等。室内外地面标高及基础底面标高。基础及垫层的材料、强度等级、配筋规格及布置。施工说明等。

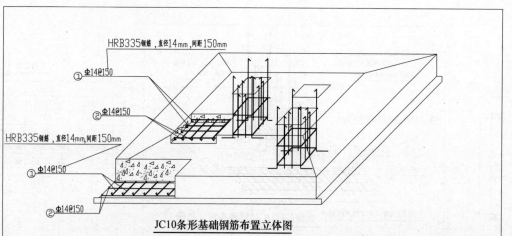

HRB335钢筋，直径14mm，同距150mm

① Φ14@150

② Φ14@150

HRB335钢筋，直径14mm，同距150mm

① Φ14@150

② Φ14@150

JC10条形基础钢筋布置立体图

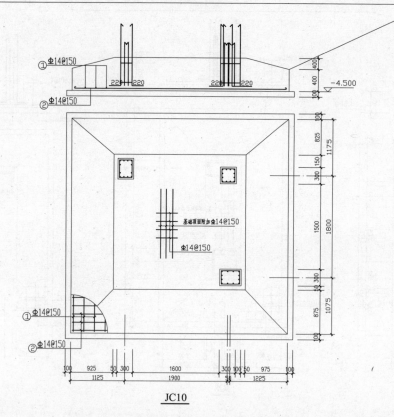

① Φ14@150

② Φ14@150

220 220 220 220
400
400
-4.500
100

100
1175
825
150
150
300
1500
1800
875
50
300
1075
100

基础顶面附加Φ14@150

Φ14@150

① Φ14@150

② Φ14@150

100 925 50 300 1600 300 100 50 975 100
1125 300 1900 50 1225

JC10

某某建筑设计研究院
建筑工程甲级
证书编号：110111-sj

备注：

本结构图不得用于实施工程套用

建设单位

工程名称

绿色港湾 F-1 地块

子项	12 号-LC 户型

图纸名称

基础详图二

比例：1：100

工程勘察设计资质（出图）专用章

注册师章

类 别	签 名
审 定	
审 核	
工程主持人	
工种负责人	
校 对	
设 计	
制 图	

会签栏

建筑		电气	
结构		暖通	
给排水		工艺	

工程编号		图号	5
图别	结施		27
出图日期			

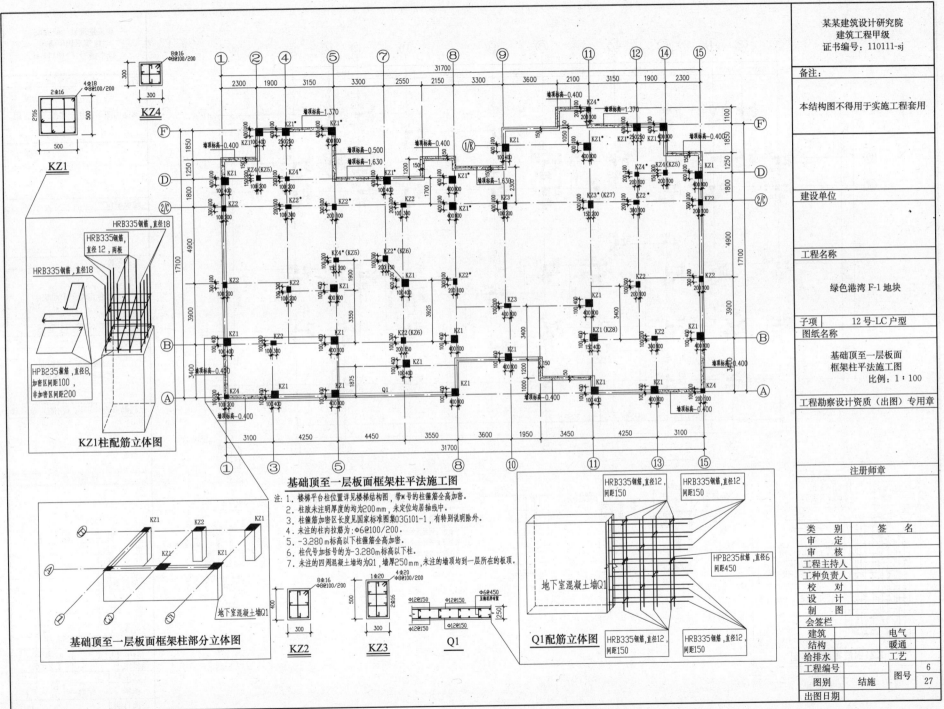

基础顶至一层板面框架柱平法施工图

注:
1. 楼梯平台柱位置详见楼梯结构图,带*号的柱箍筋全高加密。
2. 柱肢未注明厚度的均为200mm,未定位均居轴线中。
3. 柱箍筋加密区长度见国家标准图集03G101-1,有特别说明除外。
4. 未注的柱内拉筋为:Φ6@100/200。
5. -3.280m标高以下柱箍筋全高加密。
6. 柱代号加括号的为-3.280m标高以下柱。
7. 未注的四周混凝土墙均为Q1,墙厚250mm,未注的墙顶均到一层所在的板顶。

基础顶至一层板面框架柱部分立体图

KZ2   KZ3   Q1

Q1配筋立体图

KZ1

KZ1柱配筋立体图

HRB335钢筋,直径18
HRB335钢筋,直径12,两根
HRB335钢筋,直径18
HPB235箍筋,直径8,加密区间距100,非加密区间距200

KZ4

KZ1

某某建筑设计研究院
建筑工程甲级
证书编号:110111-sj

备注:

本结构不得用于实施工程套用

建设单位

工程名称

绿色港湾 F-1 地块

子项 12号-LC户型

图纸名称

基础顶至一层板面
框架柱平法施工图
比例:1:100

工程勘察设计资质(出图)专用章

注册师章

类别	签名
审定	
审核	
工程主持人	
工种负责人	
校对	
设计	
制图	

会签栏

建筑		电气	
结构		暖通	
给排水		工艺	

工程编号		6
图别	结施	图号 27
出图日期		

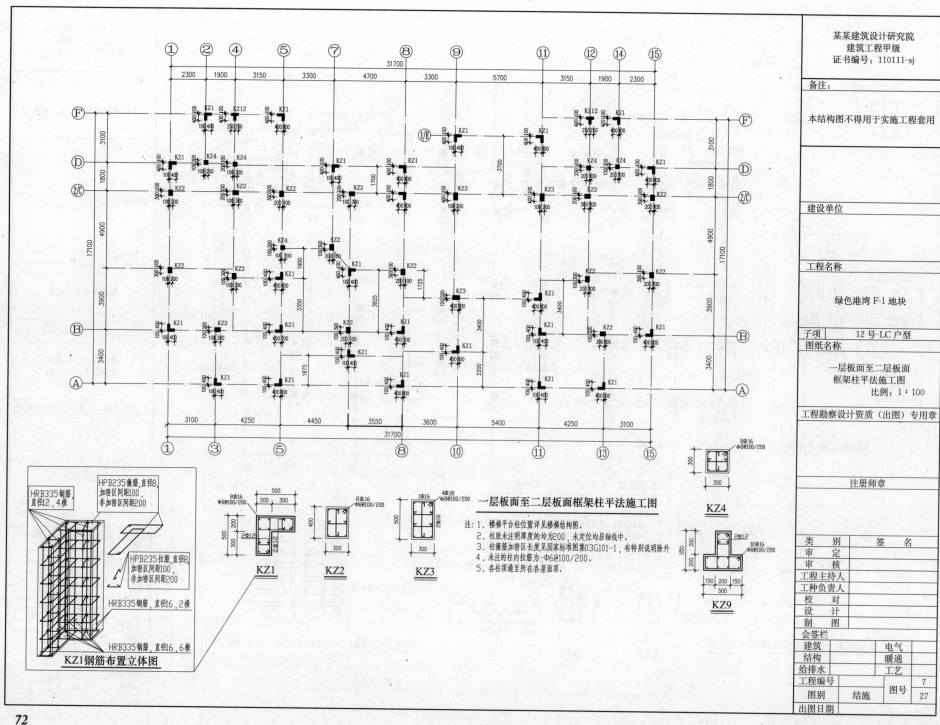

一层板面至二层板面框架柱平法施工图

注:
1. 楼梯平台柱位置详见楼梯结构图。
2. 柱肢未注明厚度的均为200,未定位均居轴线中。
3. 柱箍筋加密区长度见国家标准图集03G101-1,有特别说明除外。
4. 未注的柱内拉筋为Φ6@100/200。
5. 各柱顶通至所在各层屋顶。

KZ1钢筋布置立体图

HRB335钢筋,直径12,4根
HPB235箍筋,直径8,加密区间距100,非加密区间距200
HPB235拉筋,直径8,加密区间距100,非加密区间距200
HRB335钢筋,直径16,2根
HRB335钢筋,直径16,6根

KZ1 KZ2 KZ3 KZ4 KZ9

某某建筑设计研究院
建筑工程甲级
证书编号:110111-sj

备注:

本结构图不得用于实施工程套用

建设单位

工程名称

绿色港湾 F-1 地块

| 子项 | 12 号-LC 户型 |
图纸名称

一层板面至二层板面
框架柱平法施工图
比例:1:100

工程勘察设计资质(出图)专用章

注册师章

类　别	签　名
审　定	
审　核	
工程主持人	
工种负责人	
校　对	
设　计	
制　图	

会签栏

建筑	电气
结构	暖通
给排水	工艺

工程编号		图号	7
图别	结施		27
出图日期			

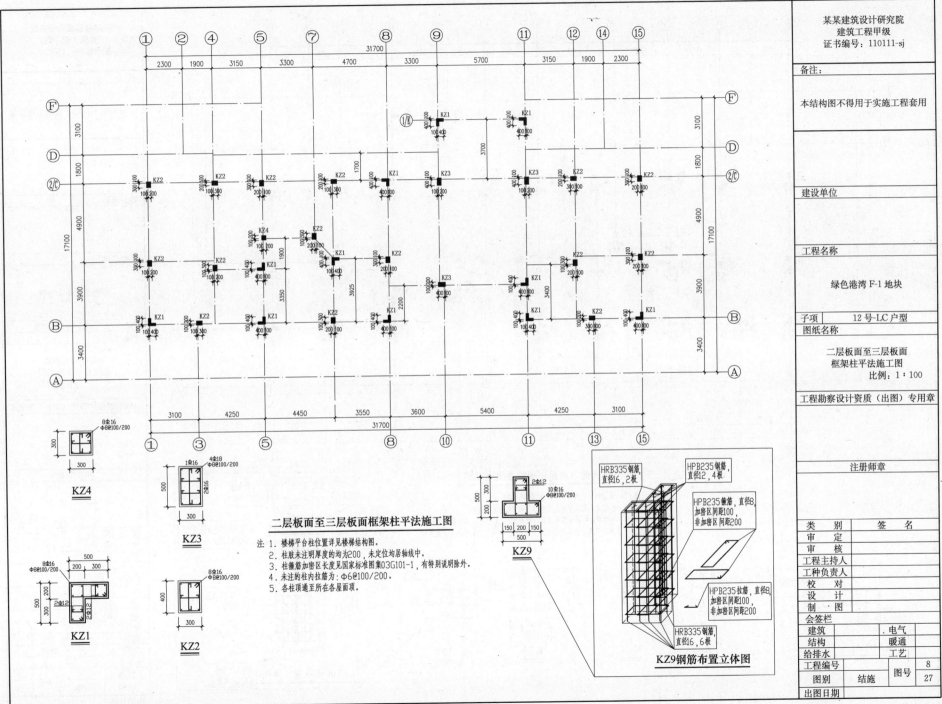

某某建筑设计研究院
建筑工程甲级
证书编号：110111-sj

备注：

本结构图不得用于实施工程套用

建设单位

工程名称

绿色港湾 F-1 地块

子项　12 号-LC 户型

图纸名称

二层板面至三层板面
框架柱平法施工图
比例：1：100

工程勘察设计资质（出图）专用章

注册师章

类别	签　名
审　定	
审　核	
工程主持人	
工种负责人	
校　对	
设　计	
制　图	

会签栏

建筑		电气	
结构		暖通	
给排水		工艺	

| 工程编号 | | 8 |
| 图号 | | 27 |

图别　结施

出图日期

KZ4
8Φ16
Φ8@100/200

KZ3
4Φ18
1Φ16
2Φ16
Φ8@100/200

KZ9
2Φ12
10Φ16
Φ8@100/200

KZ1
8Φ16
2Φ12
Φ8@100/200

KZ2
8Φ16
Φ8@100/200

二层板面至三层板面框架柱平法施工图

注：1．楼梯平台柱位置详见楼梯结构图。
　　2．柱肢未注明厚度的均为200，未定位均居轴线中。
　　3．柱箍筋加密区长度见国家标准图集03G101-1，有特别说明除外。
　　4．未注的柱内拉筋为：Φ6@100/200。
　　5．各柱顶通至所在各屋面顶。

KZ9钢筋布置立体图

HRB335钢筋，直径16，2根
HPB235钢筋，直径12，4根
HPB235箍筋，直径8，加密区间距100，非加密区间距200
HPB235拉筋，直径8，加密区间距100，非加密区间距200
HRB335钢筋，直径16，6根

73

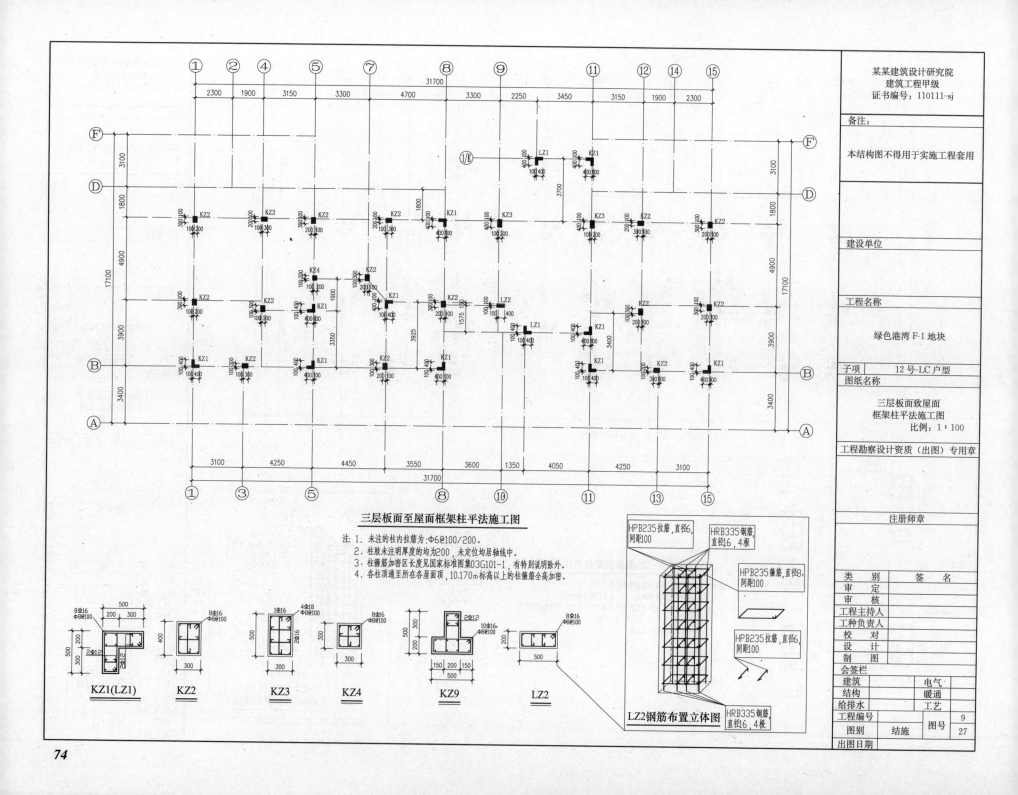

某某建筑设计研究院
建筑工程甲级
证书编号：110111-sj

备注：

本结构图不得用于实施工程套用

建设单位

工程名称

绿色港湾 F-1 地块

子项　12号-LC户型

图纸名称

三层板面致屋面
框架柱平法施工图
比例：1：100

工程勘察设计资质（出图）专用章

三层板面至屋面框架柱平法施工图

注：1. 未注的柱内拉筋为：Φ6@100/200。
　　2. 柱肢未注明厚度的均为200，未定位均居轴线中。
　　3. 柱箍筋加密区长度见国家标准图集03G101-1，有特别说明除外。
　　4. 各柱顶通至所在各屋面顶，10.170m标高以上的柱箍筋全高加密。

KZ1(LZ1)　KZ2　KZ3　KZ4　KZ9　LZ2

LZ2钢筋布置立体图

HPB235拉筋，直径6，间距100
HRB335钢筋，直径16，4根
HPB235箍筋，直径8，间距100
HPB235拉筋，直径6，间距100
HRB335钢筋，直径16，4根

注册师章

类　别	签　名
审　定	
审　核	
工程主持人	
工种负责人	
校　对	
设　计	
制　图	

会签栏

建筑		电气	
结构		暖通	
给排水		工艺	

工程编号		图号	9
图别	结施		27

出图日期

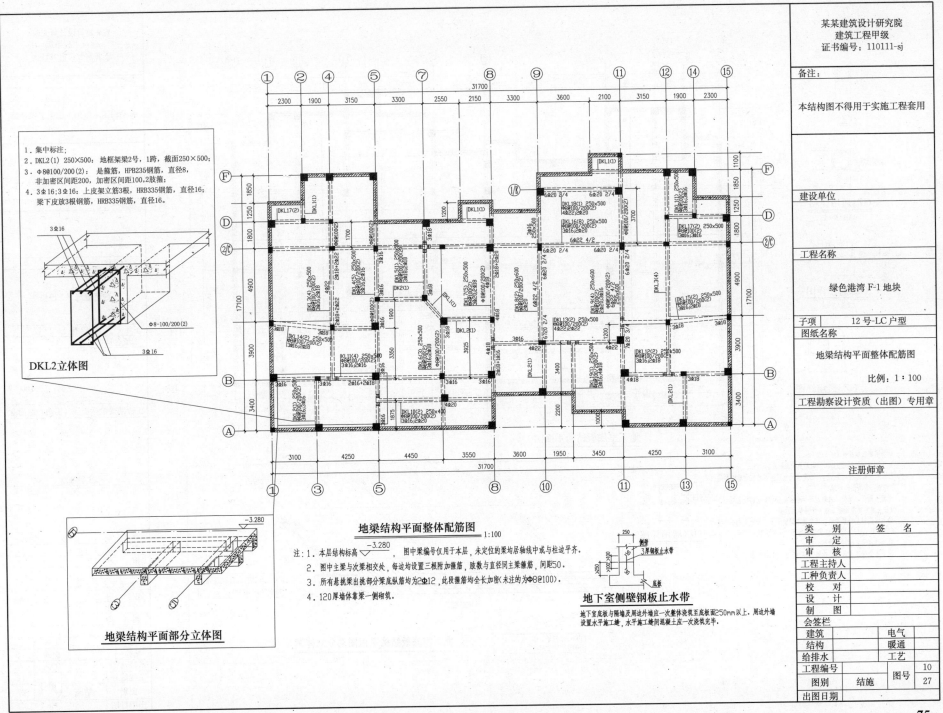

地梁结构平面整体配筋图 1:100

注：1. 本层结构标高 ▽ $\frac{-3.280}{-3.280}$ ，图中梁编号仅用于本层，未定位的梁均居轴线中或与柱边平齐。

2. 图中主梁与次梁相交处，每边均设置三根附加箍筋，肢数与直径同主梁箍筋，间距50。

3. 所有悬挑梁出挑部分梁底纵筋均为2Φ12，此段箍筋均全长加密(未注的为Φ8@100)。

4. 120厚墙体靠梁一侧砌筑。

DKL2立体图

地梁结构平面部分立体图

地下室侧壁钢板止水带

地下室底板与隔墙及周边外墙应一次整体浇筑至底板面250mm以上。周边外墙设置水平施工缝，水平施工缝间混凝土应一次浇筑完毕。

集中标注框：

1. 集中标注；
2. DKL2(1) 250×500：地框架梁2号，1跨，截面250×500；
3. Φ8@100/200(2)：是箍筋，HPB235钢筋，直径8，非加密区间距200，加密区间距100，2肢箍；
4. 3Φ16；3Φ16：上皮架立筋3根，HRB335钢筋，直径16，梁下皮放3根钢筋，HRB335钢筋，直径16。

某某建筑设计研究院
建筑工程甲级
证书编号：110111-sj

备注：

本结构不得用于实施工程套用

建设单位

工程名称

绿色港湾 F-1 地块

子项　12号-LC户型

图纸名称

地梁结构平面整体配筋图

比例：1∶100

工程勘察设计资质（出图）专用章

注册师章

类　　别	签　　名	
审　定		
审　核		
工程主持人		
工种负责人		
校　对		
设　计		
制　图		
会签栏		
建筑		电气
结构		暖通
给排水		工艺
工程编号		10
图别	结施	图号 27
出图日期		

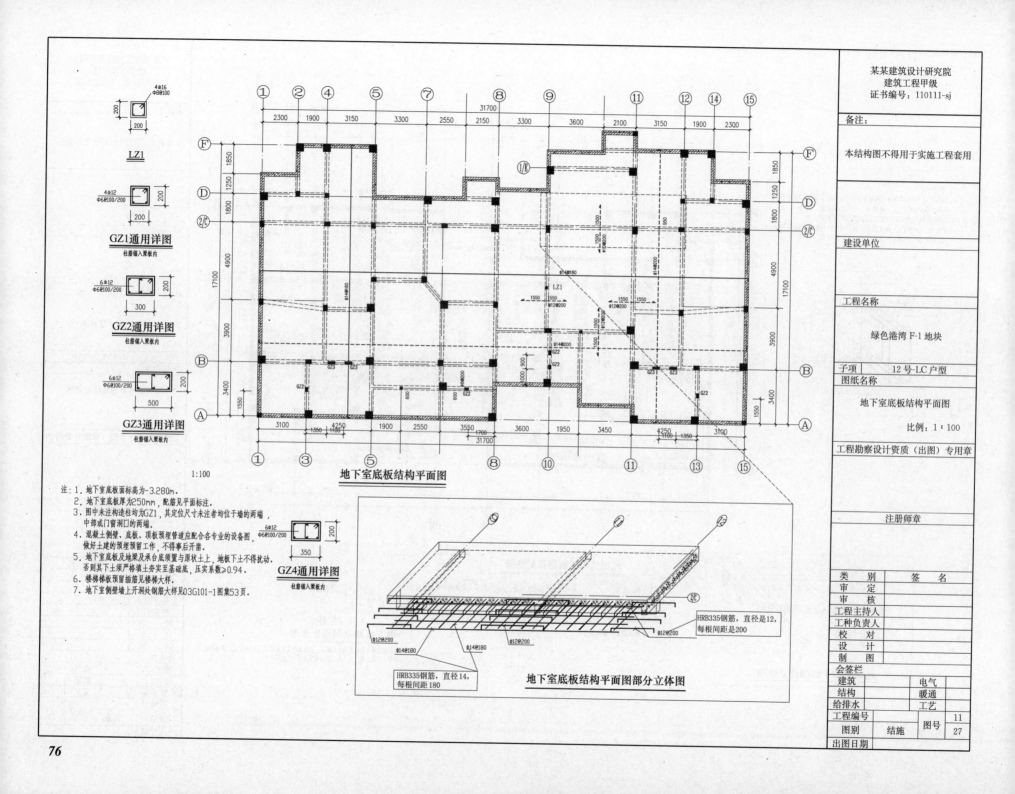

地下室底板结构平面图

地下室底板结构平面图部分立体图

LZ1

GZ1通用详图
柱筋锚入梁板内

GZ2通用详图
柱筋锚入梁板内

GZ3通用详图
柱筋锚入梁板内

GZ4通用详图
柱筋锚入梁板内

注：1.地下室底板面标高为-3.280m。
2.地下室底板厚为250mm，配筋见平面标注。
3.图中未注构造柱均为GZ1，其定位尺寸未注者均位于墙的两端，中部或门窗洞口的两端。
4.混凝土侧壁、底板、顶板预埋管道应配合各专业的设备图，做好土建的预理预留工作，不得事后开凿。
5.地下室底板及地梁及承台底须置与原状土上，地板下土不得扰动。否则其下土须严格填土夯实至基础底，压实系数≥0.94。
6.楼梯梯板预留插筋见楼梯大样。
7.地下室侧壁墙上开洞处钢筋大样见03G101-1图集53页。

1:100

HRB335钢筋，直径是12，每根间距是200

HRB335钢筋，直径14，每根间距180

某某建筑设计研究院
建筑工程甲级
证书编号：110111-sj

备注：

本结构图不得用于实施工程套用

建设单位

工程名称

绿色港湾F-1地块

| 子项 | 12号-LC户型 |

图纸名称

地下室底板结构平面图

比例：1：100

工程勘察设计资质（出图）专用章

注册师章

类　别	签　名
审　定	
审　核	
工程主持人	
工种负责人	
校　对	
设　计	
制　图	

会签栏

建筑		电气	
结构		暖通	
给排水		工艺	

| 工程编号 | | 图号 | 11 |
| 图别 | 结施 | | 27 |

出图日期

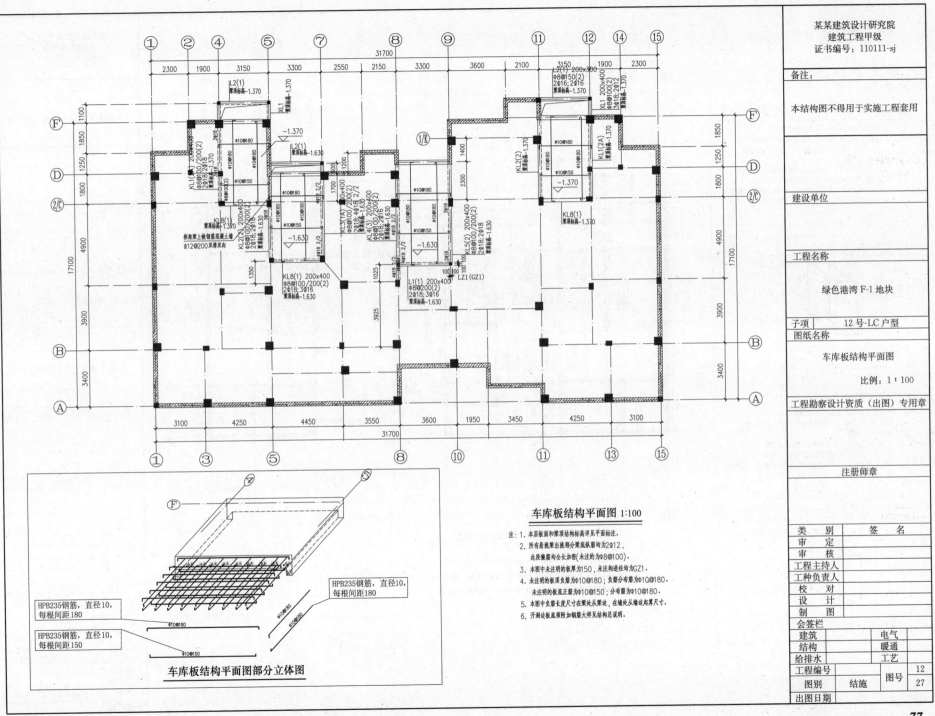

某某建筑设计研究院
建筑工程甲级
证书编号：110111-sj

备注：

本结构图不得用于实施工程套用

建设单位

工程名称

绿色港湾 F-1 地块

| 子项 | 12 号-LC 户型 |
图纸名称

车库板结构平面图

比例：1：100

工程勘察设计资质（出图）专用章

注册师章

车库板结构平面图 1:100

注：1. 本层板面和梁顶结构标高详见平面标注。
2. 所有易挑梁出挑部分梁底纵筋均为2Φ12，
   此段箍筋均全长加密（未注的为Φ8@100）。
3. 本图中未注明的板厚为150，未注构造柱均为GZ1。
4. 未注明的板顶负筋为Φ10@180；负筋分布筋为Φ10@180。
   未注明的板底正筋为Φ10@150；分布筋为Φ10@180。
5. 本图中负筋长度尺寸在梁处为从梁边，在墙处为从墙边起算尺寸。
6. 开洞边板底须加附加钢筋大样见结构总说明。

HPB235钢筋，直径10，
每根间距180

HPB235钢筋，直径10，
每根间距180

HPB235钢筋，直径10，
每根间距150

车库板结构平面图部分立体图

类 别	签 名
审 定	
审 核	
工程主持人	
工种负责人	
校 对	
设 计	
制 图	

会签栏
建筑		电气	
结构		暖通	
给排水		工艺	

工程编号		图号	12
图别	结施		27
出图日期			

77

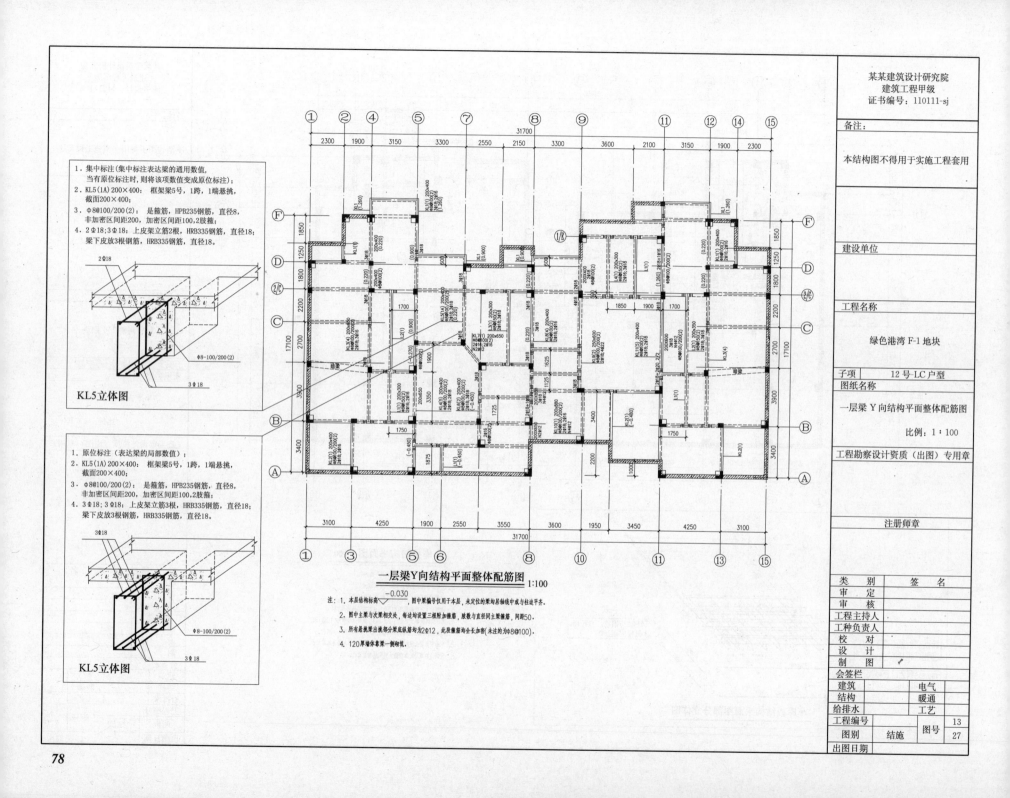

一层梁Y向结构平面整体配筋图 1:100

注：1. 本层结构标高▽ $\frac{-0.030}{}$ ，图中梁编号仅用于本层，未定位的梁均居轴线中或梁均与柱边平齐。

2. 图中主梁与次梁相交处，每边均设置三根附加箍筋，肢数与直径同主梁箍筋，间距50。

3. 所有悬挑梁出挑帮分梁底纵筋均为2φ12，此段箍筋均全长加密（未注的为φ8@100）。

4. 120厚墙体靠梁一侧砌筑。

KL5立体图

1．集中标注(集中标注表达梁的通用数值，
  当有原位标注时，则将该项数值变成原位标注)；
2．KL5(1A) 200×400： 框架梁5号，1跨，1端悬挑，
  截面200×400；
3．Φ8@100/200(2)： 是箍筋，HPB235钢筋，直径8，
  非加密区间距200，加密区间距100,2肢箍；
4．2Φ18；3Φ18：上皮架立筋2根，HRB335钢筋，直径18；
  梁下皮放3根钢筋，HRB335钢筋，直径18。

KL5立体图

1．原位标注(表达梁的局部数值)；
2．KL5(1A) 200×400： 框架梁5号，1跨，1端悬挑，
  截面200×400；
3．Φ8@100/200(2)： 是箍筋，HPB235钢筋，直径8，
  非加密区间距200，加密区间距100,2肢箍；
4．3Φ18；3Φ18：上皮架立筋3根，HRB335钢筋，直径18；
  梁下皮放3根钢筋，HRB335钢筋，直径18。

某某建筑设计研究院
建筑工程甲级
证书编号：110111-sj

备注：

本结构图不得用于实施工程套用

建设单位

工程名称

绿色港湾 F-1 地块

| 子项 | 12 号-LC 户型 |
| 图纸名称 | |

一层梁 Y 向结构平面整体配筋图

比例：1：100

工程勘察设计资质（出图）专用章

注册师章

类 别	签 名
审 定	
审 核	
工程主持人	
工种负责人	
校 对	
设 计	
制 图	
会签栏	
建筑	电气
结构	暖通
给排水	工艺

工程编号		13
图别	结施	图号 27
出图日期		

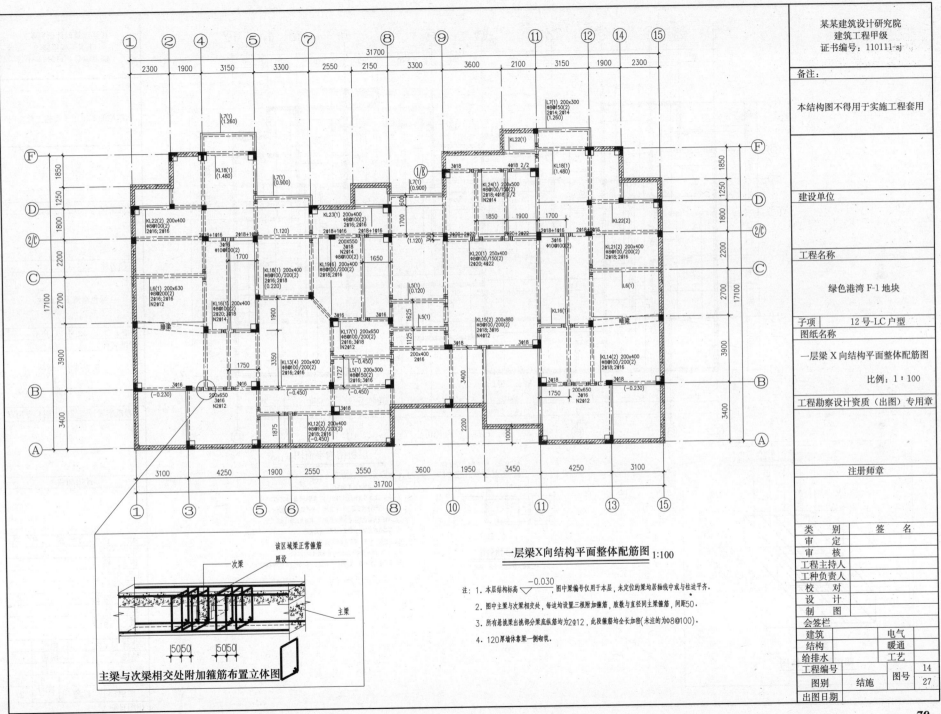

一层梁X向结构平面整体配筋图 1:100

主梁与次梁相交处附加箍筋布置立体图

注：1. 本层结构标高 ▽$\frac{-0.030}{}$，图中梁编号仅用于本层，未定位的梁均居轴线中或与柱边平齐。

2. 图中主梁与次梁相交处，每边均设置三根附加箍筋，肢数与直径同主梁箍筋，间距50。

3. 所有悬挑梁出挑部分梁底纵筋均为2Φ12，此段箍筋均全长加密(未注的为Φ8@100)。

4. 120厚墙体靠梁一侧布筑。

某某建筑设计研究院
建筑工程甲级
证书编号：110111-sj

备注：

本结构图不得用于实施工程套用

建设单位

工程名称

绿色港湾 F-1 地块

子项　12号-LC户型

图纸名称

一层梁 X 向结构平面整体配筋图

比例：1：100

工程勘察设计资质（出图）专用章

注册师章

类　别	签　名	
审　定		
审　核		
工程主持人		
工种负责人		
校　对		
设　计		
制　图		

会签栏		
建筑		电气
结构		暖通
给排水		工艺

工程编号		14
图别	结施	图号 27
出图日期		

79

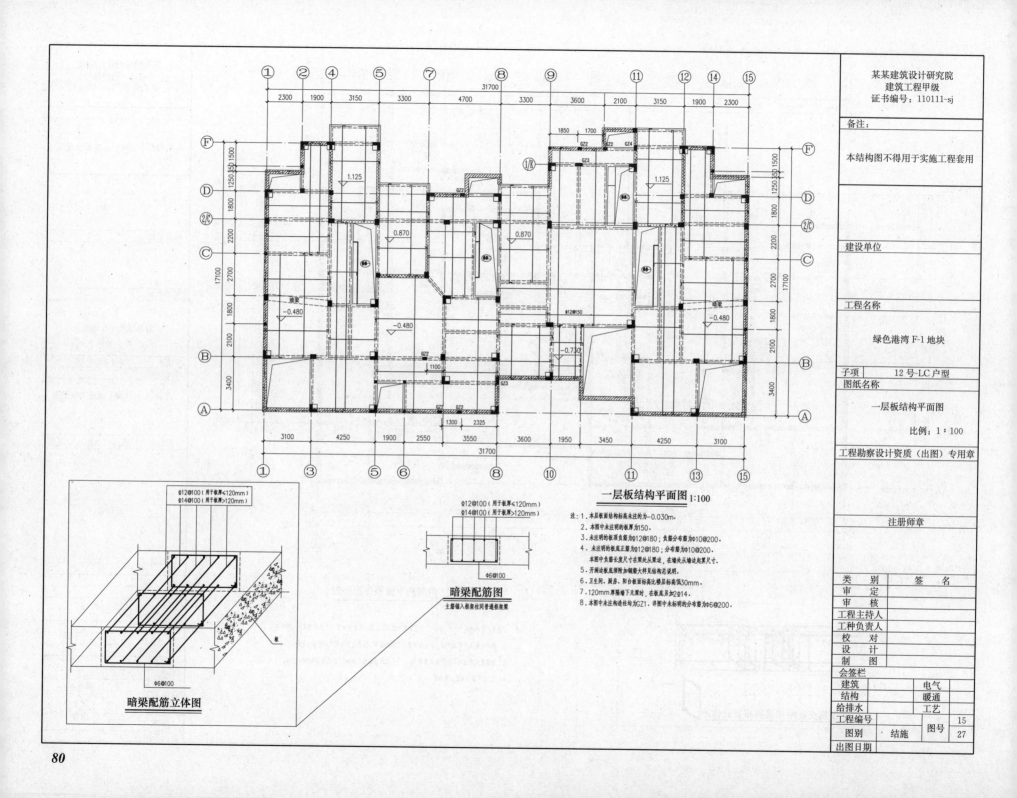

一层板结构平面图 1:100

某某建筑设计研究院
建筑工程甲级
证书编号：110111-sj

备注：	
本结构图不得用于实施工程套用	

建设单位

工程名称

绿色港湾 F-1 地块

子项	12 号-LC 户型
图纸名称	

一层板结构平面图

比例：1：100

工程勘察设计资质（出图）专用章

注册师章

类 别	签 名
审 定	
审 核	
工程主持人	
工种负责人	
校 对	
设 计	
制 图	

会签栏

建筑		电气	
结构		暖通	
给排水		工艺	
工程编号			15
图别	结施	图号	27
出图日期			

Φ12@100（用于板厚≤120mm）
Φ14@100（用于板厚>120mm）

Φ6@100

暗梁配筋立体图

Φ12@100（用于板厚≤120mm）
Φ14@100（用于板厚>120mm）

Φ6@100

暗梁配筋图
主筋锚入框架柱同普通框架梁

注：1．本层板面结构标高未注的为-0.030m．
2．本图中未注明的板厚为150．
3．未注明的板顶负筋为Φ12@180；负筋分布筋为Φ10@200．
4．未注明的板底正筋为Φ12@180；分布筋为Φ10@200．
  本图中负筋长度尺寸在梁处从梁边，在墙处从墙边起算尺寸．
5．开洞边板底须附加钢筋，大样见结构总说明．
6．卫生间、厨房、阳台板面标高比楼层标高低30mm．
7．120mm 厚隔墙下无梁时，在板底另为2Φ14．
8．本图中未注构造柱均为GZ1．详图中未标明的分布筋为Φ6@200．

80

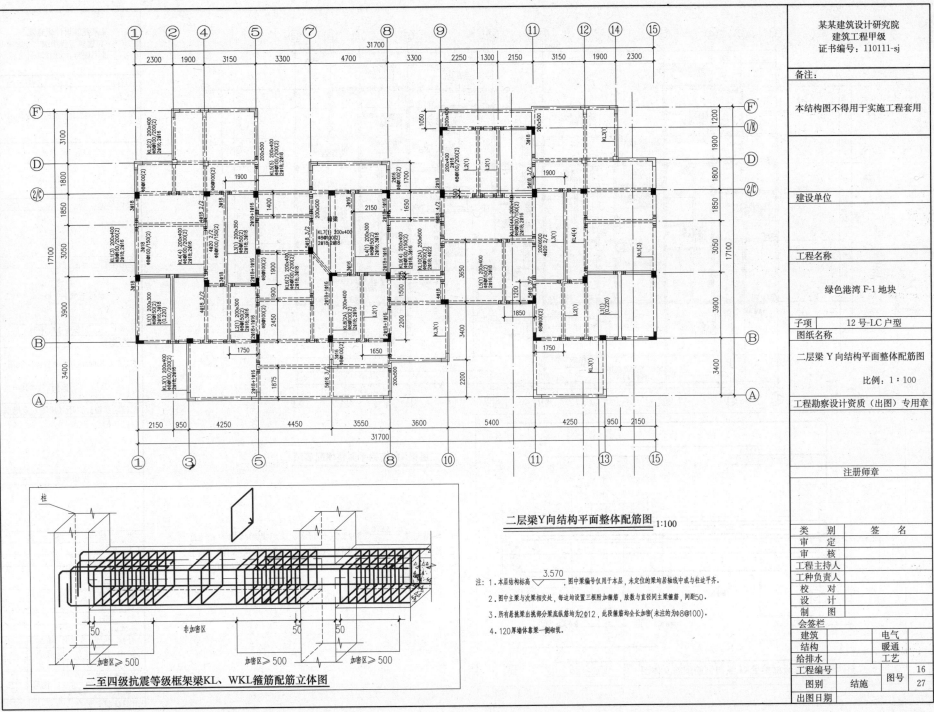

二层梁Y向结构平面整体配筋图 1:100

二至四级抗震等级框架梁KL、WKL箍筋配筋立体图

柱
非加密区
加密区≥500   加密区≥500   加密区≥500

注: 1. 本层结构标高 3.570，图中梁编号仅用于本层，未定位的梁均居轴线中或与柱边平齐。

2. 图中主梁与次梁相交处，每边均设置三根附加箍筋，肢数与直径同主梁箍筋，间距50。

3. 所有悬挑梁出挑部分梁底纵筋均为2Φ12，此段箍筋均全长加密(未注的为Φ8@100)。

4. 120厚墙体靠一侧砌筑。

某某建筑设计研究院
建筑工程甲级
证书编号：110111-sj

备注：

本结构图不得用于实施工程套用

建设单位

工程名称

绿色港湾 F-1 地块

子项 12 号-LC 户型

图纸名称

二层梁 Y 向结构平面整体配筋图

比例：1：100

工程勘察设计资质（出图）专用章

注册师章

类别	签 名
审 定	
审 核	
工程主持人	
工种负责人	
校 对	
设 计	
制 图	

会签栏

建筑		电气	
结构		暖通	
给排水		工艺	

工程编号		16
图别	结施	图号 27

出图日期

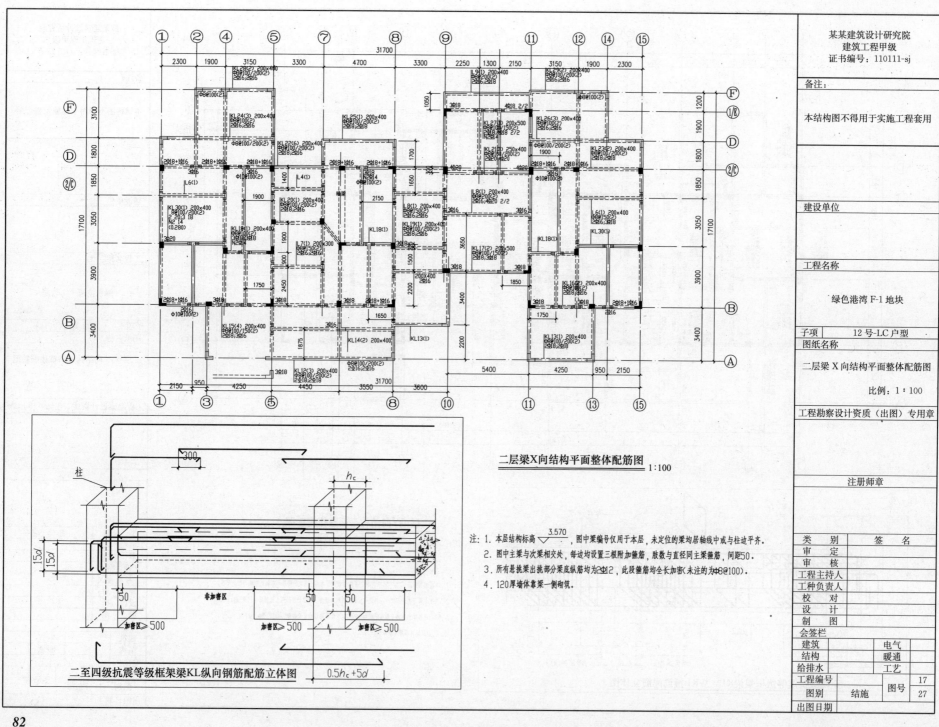

二层梁X向结构平面整体配筋图 1:100

二至四级抗震等级框架梁KL纵向钢筋配筋立体图

注: 1. 本层结构标高 ▽ 3.570, 图中梁编号仅用于本层, 未定位的梁均居轴线中或与柱边平齐。
2. 图中主梁与次梁相交处, 每边均设置三根附加箍筋, 肢数与直径同主梁箍筋, 间距50。
3. 所有悬挑梁出挑部分梁底纵筋均为2Φ12, 此段箍筋均全长加密(未注的为Φ8@100)。
4. 120厚墙体靠梁一侧砌筑。

某某建筑设计研究院
建筑工程甲级
证书编号: 110111-sj

备注:

本结构图不得用于实施工程套用

建设单位

工程名称

绿色港湾F-1地块

子项 12号-LC户型

图纸名称

二层梁X向结构平面整体配筋图

比例: 1: 100

工程勘察设计资质(出图)专用章

注册师章

类　别	签　名
审　定	
审　核	
工程主持人	
工种负责人	
校　对	
设　计	
制　图	

会签栏

建筑	电气
结构	暖通
给排水	工艺

工程编号		17
图别 结施	图号	27
出图日期		

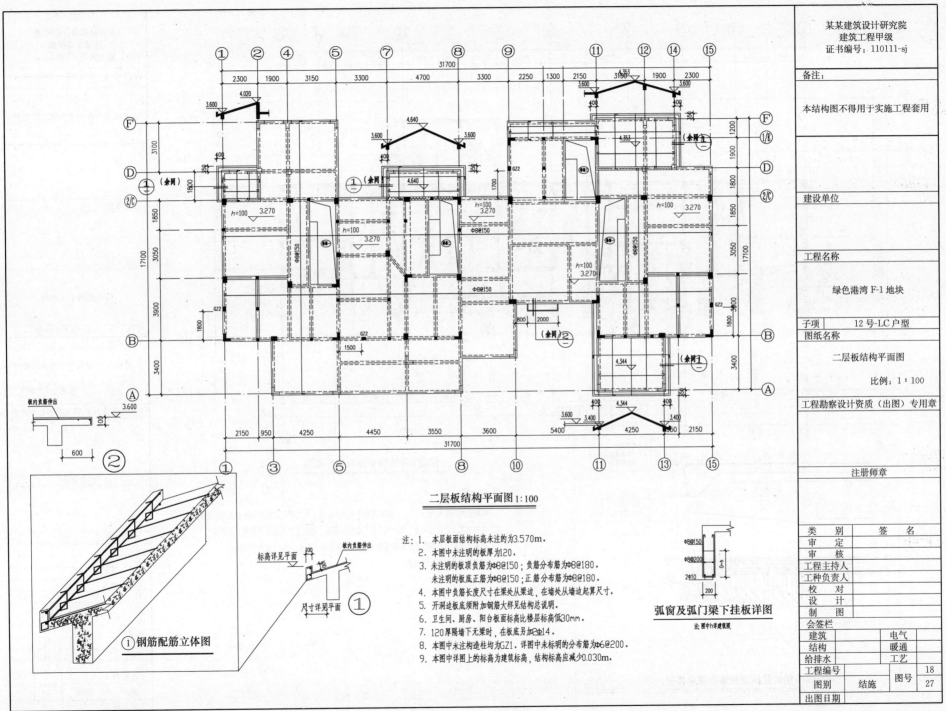

二层板结构平面图1:100

① 钢筋配筋立体图

② （图）

① 尺寸详见平面

弧窗及弧门梁下挂板详图

注：图中h详建筑图

注：
1. 本层板结构标高未注的为3.570m。
2. 本图中未注明的板厚为120。
3. 未注明的板顶负筋为Φ8@150；负筋分布筋为Φ8@180。
   未注明的板底正筋为Φ8@150；正筋分布筋为Φ8@180。
4. 本图中负筋长度尺寸在梁处从梁边，在墙处从墙边起算尺寸。
5. 开洞边板底须附加钢筋大样见结构总说明。
6. 卫生间、厨房、阳台板面标高比楼层标高低30mm。
7. 120厚隔墙下无梁时，在板底另加2Φ14。
8. 本图中未注明造柱均为GZ1。详图中未标明的分布筋为Φ6@200。
9. 本图中详图上的标高为建筑标高，结构标高应减少0.030m。

某某建筑设计研究院
建筑工程甲级
证书编号：110111-sj

备注：

本结构图不得用于实施工程套用

建设单位

工程名称

绿色港湾 F-1 地块

子项	12 号-LC 户型
图纸名称	
	二层板结构平面图
	比例：1：100

工程勘察设计资质（出图）专用章

注册师章

类　别	签　名
审　定	
审　核	
工程主持人	
工种负责人	
校　对	
设　计	
制　图	
会签栏	

建筑		电气	
结构		暖通	
给排水		工艺	

工程编号		18
图号		27
图别	结施	

出图日期

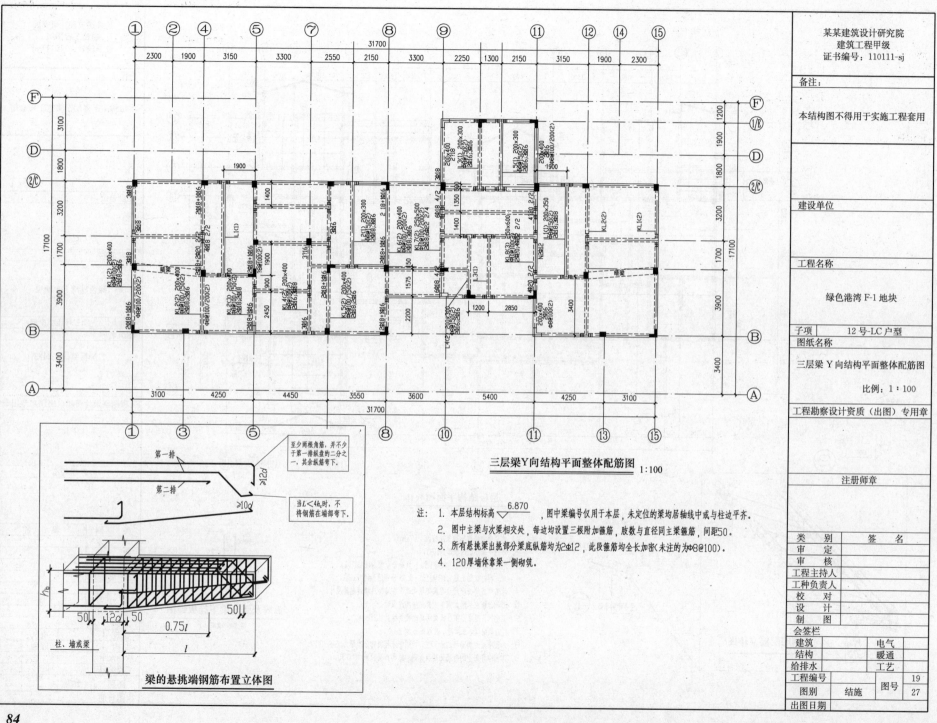

三层梁Y向结构平面整体配筋图 1:100

注: 1. 本层结构标高 ▽6.870 ，图中梁编号仅用于本层，未定位的梁均居轴线中或与柱边平齐。

　　2. 图中主梁与次梁相交处，每边均设置三根附加箍筋，肢数与直径同主梁箍筋，间距50。

　　3. 所有悬挑梁出挑部分梁底纵筋均为2Φ12，此段箍筋均全长加密(未注的为Φ8@100)。

　　4. 120厚墙体靠梁一侧砌筑。

梁的悬挑端钢筋布置立体图

至少两根角筋，并不少于第一排纵盘的二分之一，其余纵筋弯下。

第一排

第二排

当L<4h_c时，不将钢筋在端部弯下。

0.75l

l

柱、墙或梁

某某建筑设计研究院
建筑工程甲级
证书编号：110111-sj

备注：

本结构图不得用于实施工程套用

建设单位

工程名称

绿色港湾 F-1 地块

子项　　12 号-LC 户型
图纸名称
三层梁 Y 向结构平面整体配筋图

比例：1：100

工程勘察设计资质（出图）专用章

注册师章

类别	签　名
审　定	
审　核	
工程主持人	
工种负责人	
校　对	
设　计	
制　图	

会签栏

建筑		电气	
结构		暖通	
给排水		工艺	

工程编号		图号	19
图别	结施		27
出图日期			

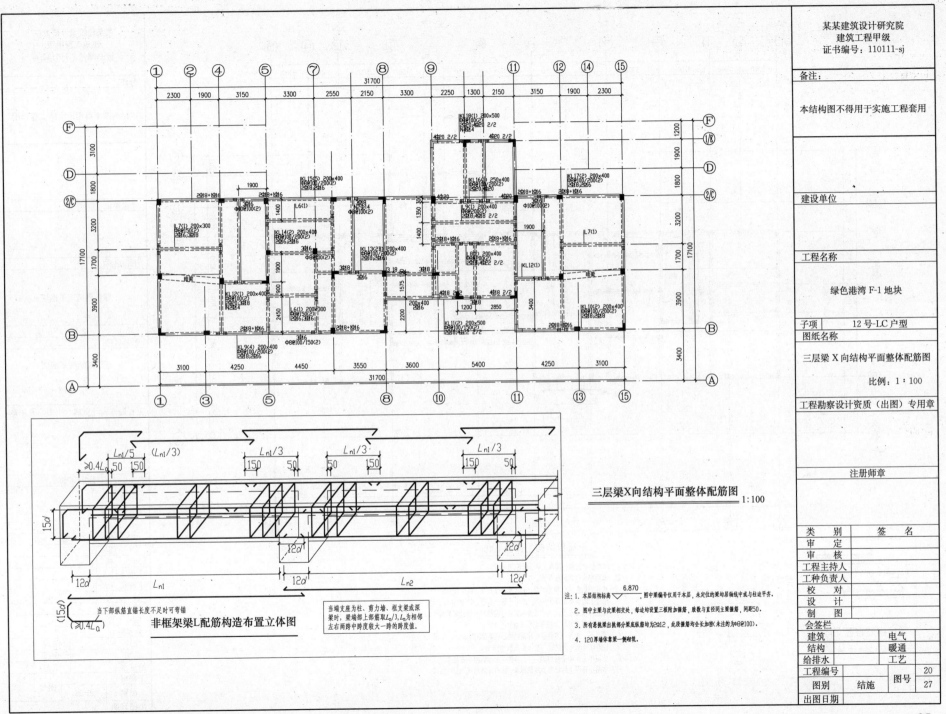

三层梁X向结构平面整体配筋图 1:100

非框架梁L配筋构造布置立体图

当下部纵筋直锚长度不足时可弯锚

当端支座为柱、剪力墙、框支梁或深梁时，梁端部上部筋取Ln/3，Ln为相邻左右两跨中跨度较大一跨的跨度值。

注：1. 本层结构标高▽6.870，图中梁编号仅用于本层，未定位的梁均居轴线中或与柱边平齐。

2. 图中主梁与次梁相交处，每边均设置三根附加箍筋，肢数与直径同主梁箍筋，间距50。

3. 所有悬挑梁出挑部分梁底纵筋均为2±12，此段箍筋均全长加密（未注的为±8@100）。

4. 120厚墙体靠梁一侧砌筑。

某某建筑设计研究院
建筑工程甲级
证书编号：110111-sj

备注：

本结构图不得用于实施工程套用

建设单位

工程名称

绿色港湾 F-1 地块

子项　12 号-LC 户型

图纸名称

三层梁 X 向结构平面整体配筋图

比例：1：100

工程勘察设计资质（出图）专用章

注册师章

类　别	签　名
审　定	
审　核	
工程主持人	
工种负责人	
校　对	
设　计	
制　图	
会签栏	

建筑		电气	
结构		暖通	
给排水		工艺	

工程编号		图号	20
图别	结施		27
出图日期			

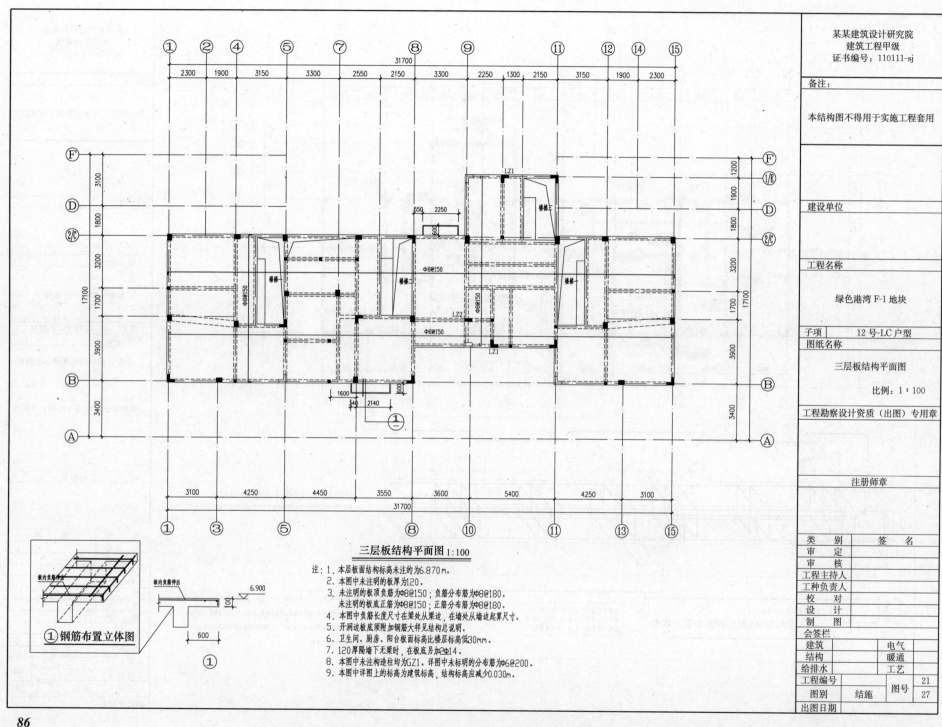

三层板结构平面图 1:100

注：
1. 本层板面结构标高未注的为6.870m。
2. 本图中未注明的板厚为120。
3. 未注明的板顶负筋为Φ8@150；负筋分布筋为Φ8@180。
   未注明的板底正筋为Φ8@150；正筋分布筋为Φ8@180。
4. 本图中负筋长度尺寸在梁处从梁边，在墙处从墙边起算尺寸。
5. 开洞边板底须附加钢筋大样见结构总说明。
6. 卫生间、厨房、阳台板面标高比楼层标高低30mm。
7. 120厚隔墙下无梁时，在板底另加2Φ14。
8. 本图中未注明构造柱均为GZ1。详图中未标明的分布筋为Φ6@200。
9. 本图中详图上的标高为建筑标高，结构标高应减少0.030m。

① 钢筋布置立体图

某某建筑设计研究院
建筑工程甲级
证书编号：110111-sj

备注：

本结构图不得用于实施工程套用

建设单位

工程名称

绿色港湾 F-1 地块

子项	12 号-LC 户型

图纸名称

三层板结构平面图

比例：1：100

工程勘察设计资质（出图）专用章

注册师章

类　别	签　名
审　定	
审　核	
工程主持人	
工种负责人	
校　对	
设　计	
制　图	

会签栏

建筑		电气	
结构		暖通	
给排水		工艺	

工程编号		图号	21
图别	结施		27

出图日期

86

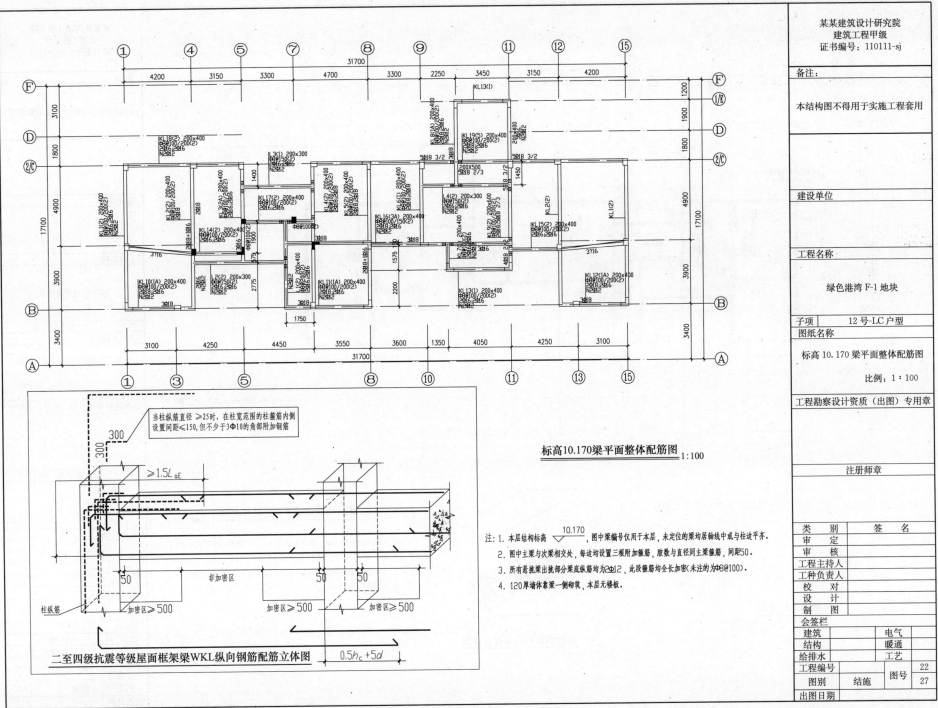

标高10.170梁平面整体配筋图 1:100

二至四级抗震等级屋面框架梁WKL纵向钢筋配筋立体图

当柱纵筋直径≥25时,在柱宽范围的柱箍筋内侧设置间距≤150,但不少于3Φ10的角部附加钢筋

非加密区

加密区≥500   加密区≥500   加密区≥500

柱纵筋

$0.5h_c+5d$

注:1. 本层结构标高 ▽ 10.170,图中梁编号仅用于本层,未定位的梁均居轴线中或与柱边平齐。
2. 图中主梁与次梁相交处,每边均设置三根附加箍筋,肢数与直径同主梁箍筋,间距50。
3. 所有悬挑梁出挑部分梁底纵筋均为2Φ12,此段箍筋均全长加密(未注的为Φ8@100)。
4. 120厚墙体靠梁一侧砌筑,本层无楼板。

某某建筑设计研究院
建筑工程甲级
证书编号:110111-sj

备注:

本结构图不得用于实施工程套用

建设单位

工程名称

绿色港湾 F-1 地块

| 子项 | 12 号-LC 户型 |
图纸名称

标高 10.170 梁平面整体配筋图

比例:1:100

工程勘察设计资质(出图)专用章

注册师章

类 别	签 名
审 定	
审 核	
工程主持人	
工种负责人	
校 对	
设 计	
制 图	
会签栏	
建筑	电气
结构	暖通
给排水	工艺

工程编号		图号	22
图别	结施		27
出图日期		

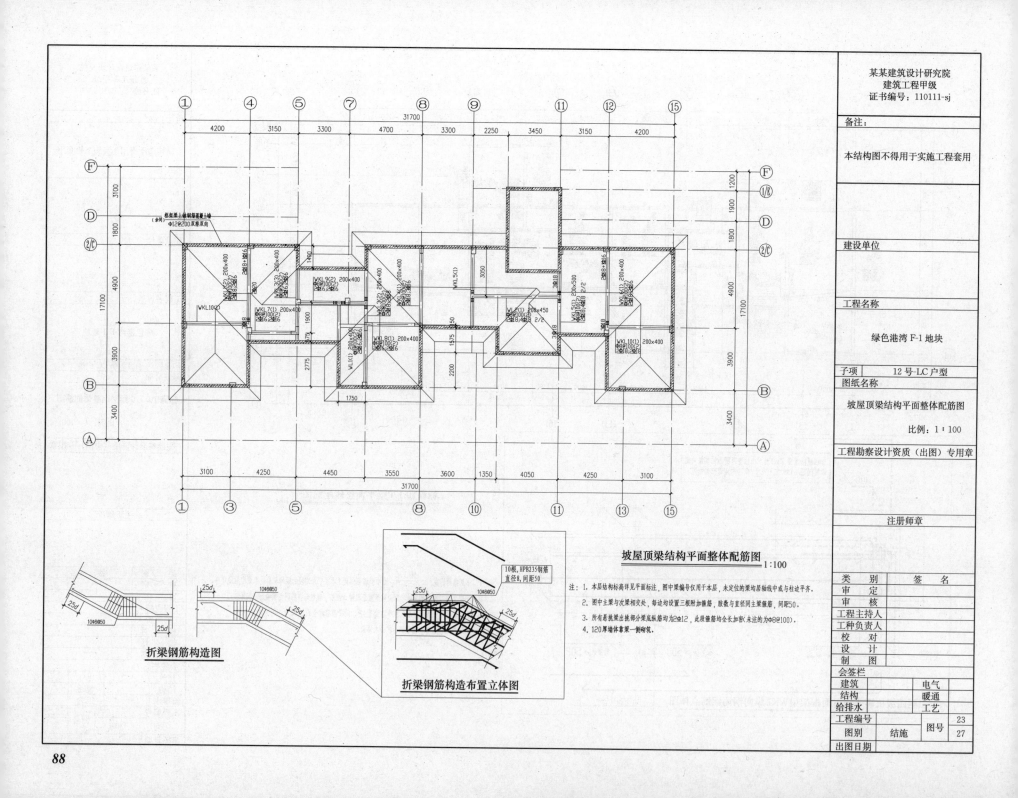

坡屋顶梁结构平面整体配筋图 1:100

注:1. 本层结构标高详见平面标注,图中梁编号仅用于本层,未定位的梁均居中或与柱边平齐。

2. 图中主梁与次梁相交处,每边均设置三根附加箍筋,肢数与直径同主梁箍筋,间距50。

3. 所有悬挑梁出挑部分梁底纵筋均为2Φ12,此段箍筋均全长加密(未注的为Φ8@100)。

4. 120厚墙体靠梁一侧砌筑。

折梁钢筋构造图

折梁钢筋构造布置立体图

10根,HPB235钢箍
直径8,间距50

某某建筑设计研究院
建筑工程甲级
证书编号:110111-sj

备注:

本结构图不得用于实施工程套用

建设单位

工程名称

绿色港湾 F-1 地块

子项　12 号-LC 户型

图纸名称

坡屋顶梁结构平面整体配筋图

比例:1:100

工程勘察设计资质(出图)专用章

注册师章

类　别	签　名
审　定	
审　核	
工程主持人	
工种负责人	
校　对	
设　计	
制　图	

会签栏

建筑		电气	
结构		暖通	
给排水		工艺	

工程编号		图号	23
图别	结施		27
出图日期			

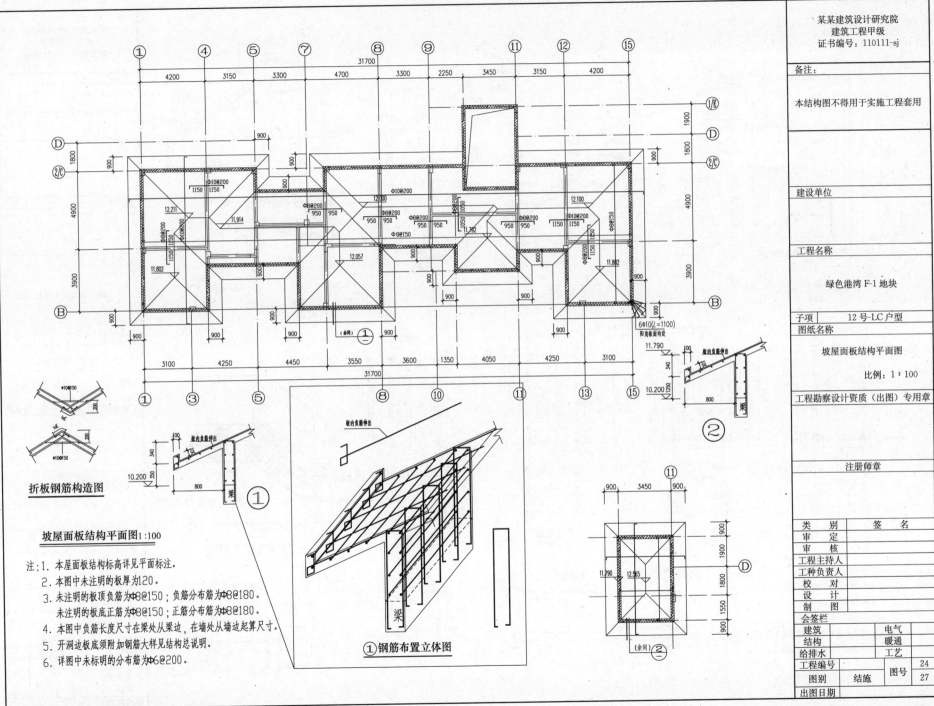

折板钢筋构造图

坡屋面板结构平面图 1:100

注:1. 本屋面板结构标高详见平面标注。
   2. 本图中未注明的板厚为120。
   3. 未注明的板顶负筋为Φ8@150;负筋分布筋为Φ8@180。
     未注明的板底正筋为Φ8@150;正筋分布筋为Φ8@180。
   4. 本图中负筋长度尺寸在梁处从梁边,在墙处从墙边起算尺寸。
   5. 开洞边板底须附加钢筋大样见结构总说明。
   6. 详图中未标明的分布筋为Φ6@200。

①钢筋布置立体图

某某建筑设计研究院
建筑工程甲级
证书编号:110111-sj

备注:	
本结构图不得用于实施工程套用	

建设单位	

工程名称	

绿色港湾 F-1 地块

子项	12 号-LC 户型
图纸名称	

坡屋面板结构平面图

比例:1:100

工程勘察设计资质(出图)专用章

注册师章

类 别	签 名
审 定	
审 核	
工程主持人	
工种负责人	
校 对	
设 计	
制 图	
会签栏	

建筑	电气
结构	暖通
给排水	工艺

工程编号		图号	24
图别	结施		27
出图日期			

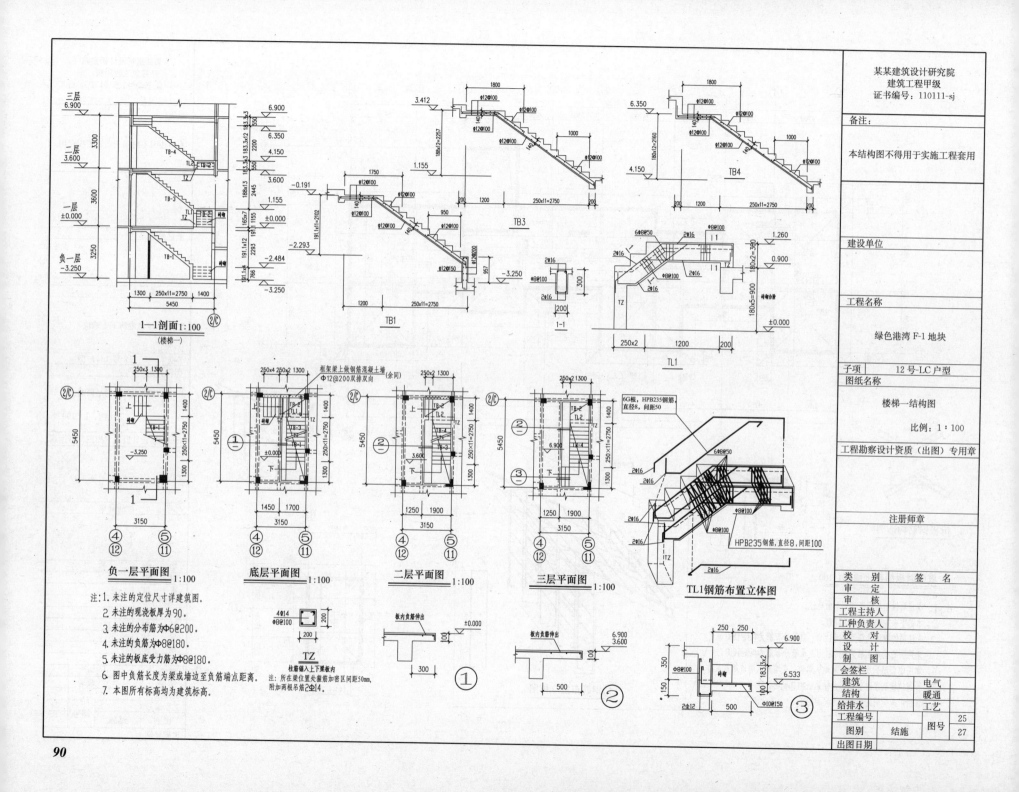

某某建筑设计研究院
建筑工程甲级
证书编号：110111-sj

备注：

本结构图不得用于实施工程套用

建设单位

工程名称

绿色港湾 F-1 地块

子项　12号-LC户型
图纸名称

楼梯一结构图

比例：1：100

工程勘察设计资质（出图）专用章

注册师章

类　别	签　名	
审　定		
审　核		
工程主持人		
工种负责人		
校　对		
设　计		
制　图		
会签栏		
建筑		电气
结构		暖通
给排水		工艺
工程编号		图号 25
图别	结施	27
出图日期		

1—1剖面 1:100
(楼梯一)

TB3

TB1

TB4

TL1

负一层平面图 1:100

底层平面图 1:100

二层平面图 1:100

三层平面图 1:100

TL1钢筋布置立体图

TZ
柱筋插入上下梁板内
注：所在梁位置处盖筋加密区间距50mm，
附加两根吊筋2Φ14。

注：1.未注的定位尺寸详建筑图。
　2.未注的现浇板厚为90。
　3.未注的分布筋为Φ6@200。
　4.未注的负筋为Φ8@180。
　5.未注的板底受力筋为Φ8@180。
　6.图中负筋长度为梁或墙边至负筋端点距离。
　7.本图所有标高均为建筑标高。

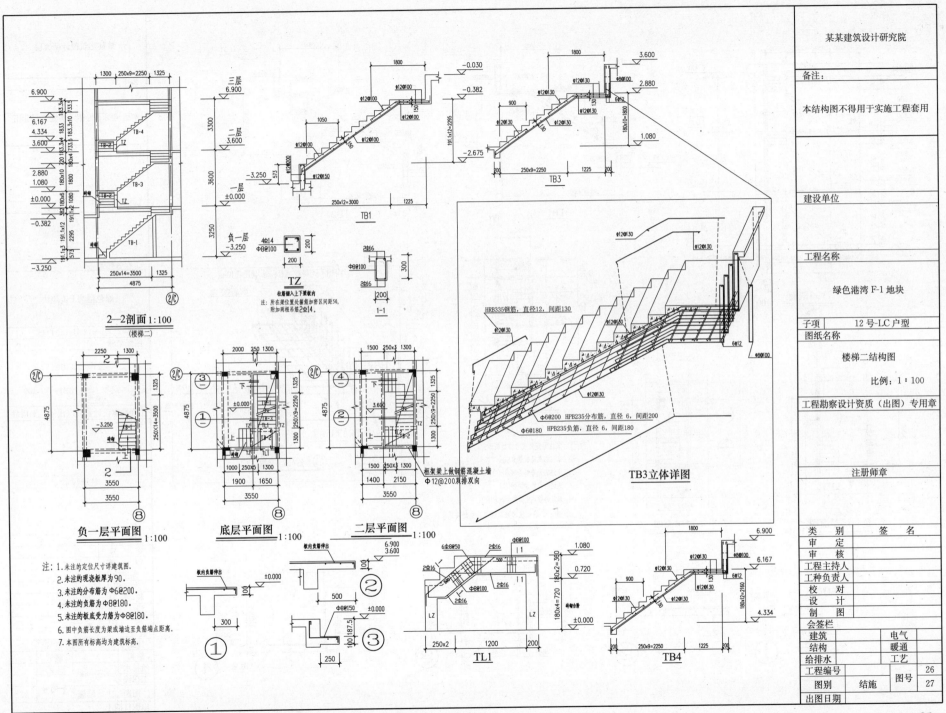

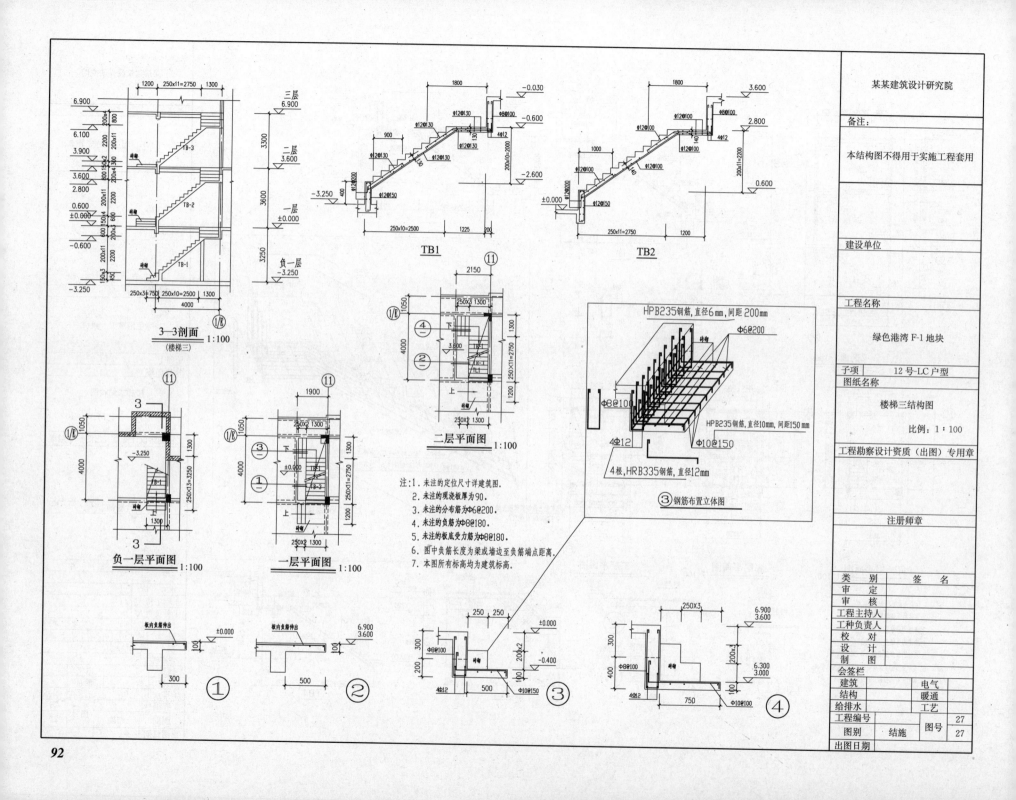

第 3 章　某三层住宅楼给水排水施工图实例导读

给水排水设计说明

1. 工程概况:

绿色港湾 F-1 地块为多栋联排别墅, 总高度不超过 24m。

2. 设计依据:

(1) 建设单位提供的本工程有关资料和设计任务书;

(2) 建筑和有关工种提供的作业图和有关资料;

(3) 国家现行有关给水、排水、消防和卫生等设计规范及规程:

《建筑给水排水设计规范》　　　　GB 50015—2003

《建筑灭火器配置设计规范》　　　GB 50140—2005

3. 生活给水系统: 由室外市政给水管网直接供水。

4. 生活排水系统: 本工程污、废水采用合流制, 污水经化粪池处理排入小园内污水管道。

5. 雨水排水系统: 本工程雨水为有组织外排水, 雨水排至雨水井内。

6. 消防系统:

灭火器配置: 为轻危险级, 每户设置 MF/ABC2 手提式干粉磷酸铵盐灭火器 2 个。

7. 尺寸: 本工程单位标高以米计, 其余尺寸均以毫米计。给水管以管中心计, 排水管以管底计。

8. 管材:

(1) 生活给水管: 给水立管采用 PSP 钢塑复合压力管, 内外双热熔及法兰连接。卫生间内给水支管采用三型聚丙烯给水管 (PP-R S5), 热熔连接, 卫生间内热水支管采用三型聚丙烯给水管 (PP-R S3.5), 热熔连接, PP-R 管道均暗敷。

(2) 室内污水立管及支管和雨水管采用 UPVC 排水塑料管, 粘接。

排水出户管采用柔性接口排水铸铁管。

9. 设备管道安装与固定:

(1) 设备选择及安装: 选用洗涤槽, 无沿台式洗脸盆, 坐式大便器, 淋浴器, 安装参见99S304-23, 48, 63, 83, 100。

(2) 排水立管与排水横管连接处, 连接角度不得小于 135°, 排水立管与排出管端部的连接采用两个 45°。

(3) 室内污水管、雨水管排水横管标准坡度为: $i=0.026$。

(4) 沿梁、柱、墙安装的管道除图中注明尺寸外, 应遵循规范规定的尺寸尽量贴近梁、柱、墙安装, 当管道避让障碍或改变高度时应采用乙字管过渡。

(5) 给水排水立管必须用管箍卡紧固定, 详见国标 03S402。

(6) 室内给水管道上的阀门: 管径≤DN50 时采用截止阀, 管径>DN50 时采用闸阀, 工作压力 1.6MPa。

10. 室外工程:

阀门井施工见皖 90S102, 排水检查井施工见皖 90S103, 化粪池采用玻璃钢高效生物化粪池, 型号为 LGHFC-27。化粪池距建筑外墙距离不宜小于 5m, 室外检查井中心距建筑外墙距离不宜小于 3m, 井盖均考虑行车。

11. 管道防腐、保温:

室外屋顶明露给水管采用聚乙烯泡沫制品保温, 厚 30mm, 外包铝箔; 详见国标 03S401。

12. 水压试验:

(1) 市政室内冷水给水管试验压力为 1.0MPa。

(2) 排水管安装完成后做灌水及通球试验。

13. 除本设计说明外, 还应遵循《建筑给水排水及采暖工程施工质量验收规范》(GB 50242—2002) 执行。

14. 管道对照表

名称 PP-R 管

公称管径	DN15	DN20	DN25	DN32	DN40	DN50	DN70	DN80	DN100
常规表示	D_e20	D_e25	D_e32	D_e40	D_e50	D_e65	D_e75	D_e90	D_e110

名称 UPV-C 管

公称管径	DN50	DN75	DN100	DN150
常规表示	$de50$	$de75$	$de110$	$de160$

图例:

—— — —	给水管	NL-*	冷凝水立管	⊙ 清扫口
——————	污水管	YTL-*	阳台雨水立管	雨水斗
——————	雨水管	雨	雨水井	阀 阀门井
——————	冷凝水管	污	污水井	
JL-*	给水立管	⊙	台式洗脸盆	
WL-*	污水立管		坐式大便器	
YL-*	雨水立管		地漏	

某某建筑设计研究院
建筑工程甲级
证书编号: 110111-sj

备注:

建设单位

工程名称

绿色港湾 F-1 地块

| 子项 | 12 号-LC 户型 |

图纸名称

设计说明

工程勘察设计资质 (出图) 专用章

注册师章

类　别	签　名
审　定	
审　核	
工程主持人	
工种负责人	
校　对	
设　计	
制　图	

会签栏

建筑		电气	
结构		暖通	
给排水		工艺	
工程编号			1
图别	水施	图号	8
出图日期			

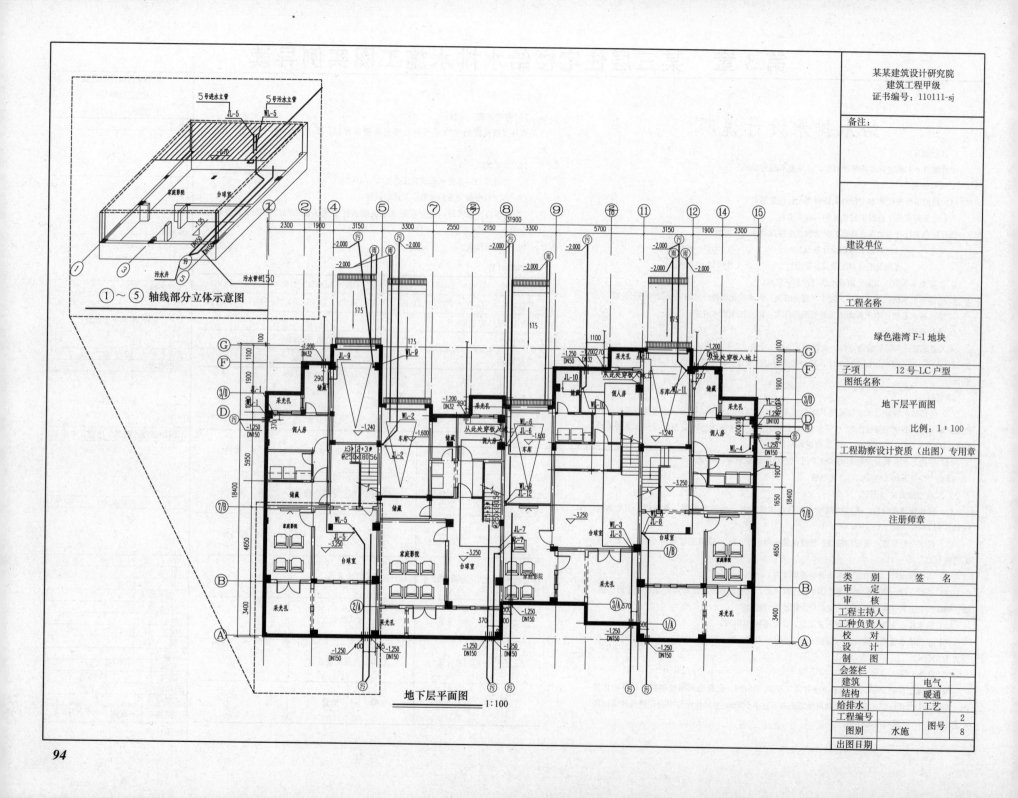

地下层平面图 1:100

某某建筑设计研究院
建筑工程甲级
证书编号：110111-sj

备注：

建设单位

工程名称

绿色港湾 F-1 地块

| 子项 | 12 号-LC 户型 |
| 图纸名称 | |

地下层平面图

比例：1：100

工程勘察设计资质（出图）专用章

注册师章

类别	签名
审定	
审核	
工程主持人	
工种负责人	
校对	
设计	
制图	
会签栏	

建筑	电气
结构	暖通
给排水	工艺

工程编号		图号	2
图别	水施		8
出图日期			

①～⑤轴线部分立体示意图

94

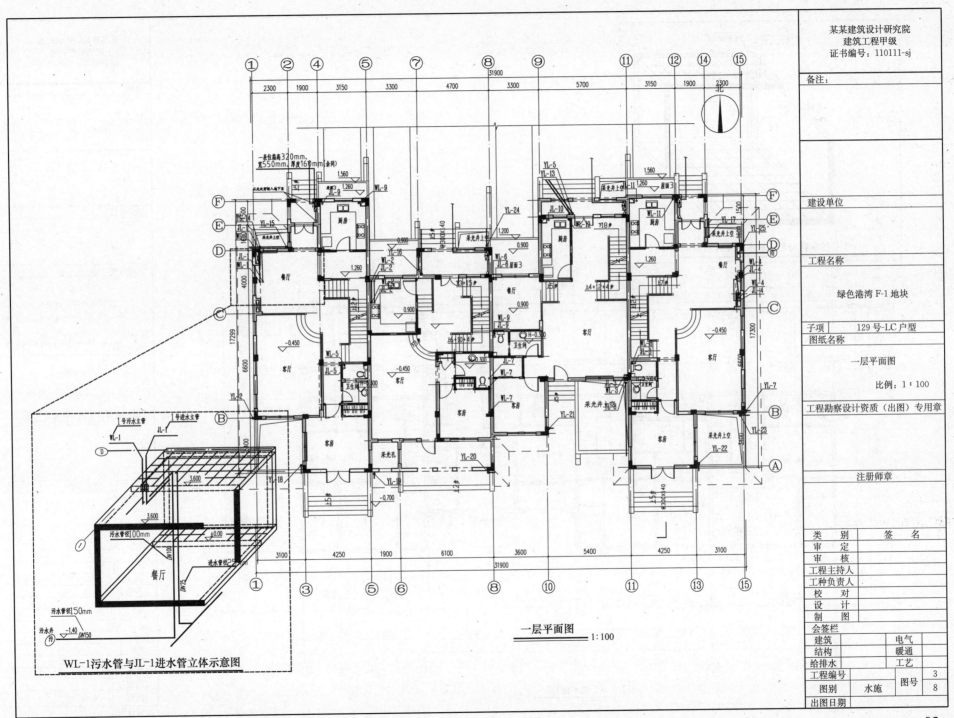

一层平面图 1:100

WL-1污水管与JL-1进水管立体示意图

某某建筑设计研究院
建筑工程甲级
证书编号：110111-sj

备注：

建设单位

工程名称

绿色港湾 F-1 地块

子项　129 号-LC 户型

图纸名称

一层平面图

比例：1∶100

工程勘察设计资质（出图）专用章

注册师章

类　别	签　名
审　定	
审　核	
工程主持人	
工种负责人	
校　对	
设　计	
制　图	

会签栏		
建筑		电气
结构		暖通
给排水		工艺

工程编号		图号	3
图别	水施		8
出图日期			

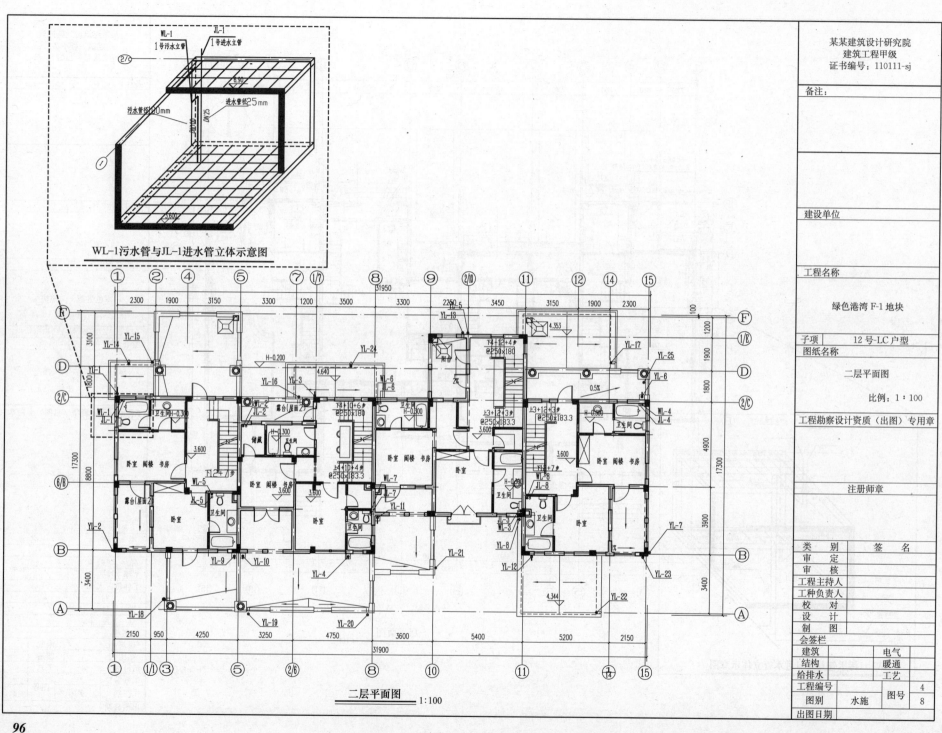

WL-1污水管与JL-1进水管立体示意图

二层平面图　1:100

某某建筑设计研究院
建筑工程甲级
证书编号：110111-sj

备注：	

建设单位

工程名称

绿色港湾 F-1 地块

子项	12 号-LC 户型
图纸名称	

二层平面图

比例：1:100

工程勘察设计资质（出图）专用章

注册师章

类　别	签　名
审　定	
审　核	
工程主持人	
工种负责人	
校　对	
设　计	
制　图	
会签栏	
建筑	电气
结构	暖通
给排水	工艺

工程编号		图号	4
图别	水施		8
出图日期			

96

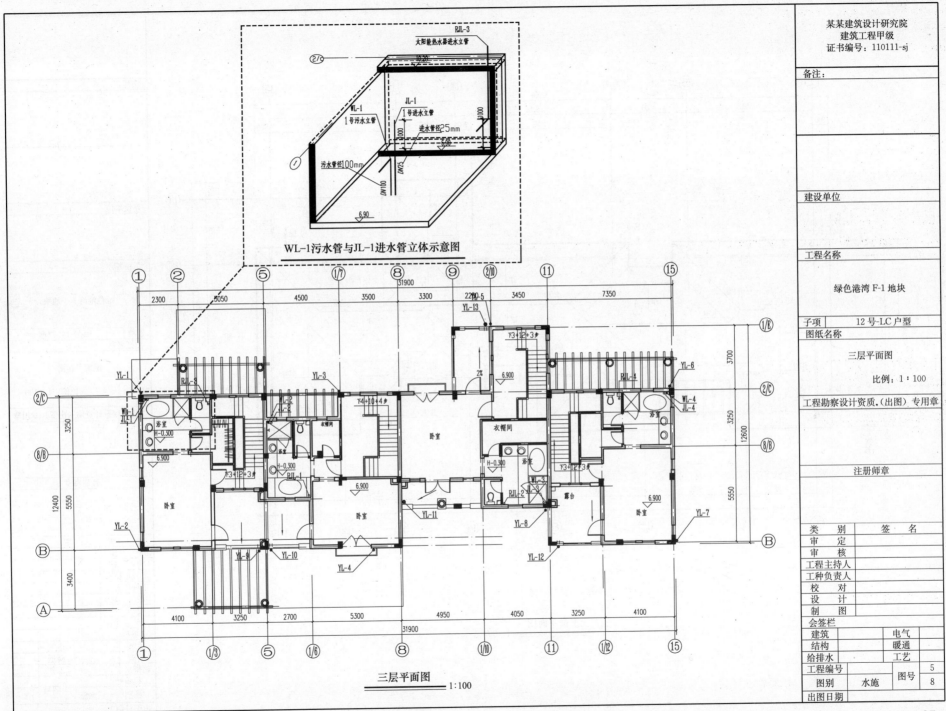

WL-1污水管与JL-1进水管立体示意图

三层平面图 1:100

某某建筑设计研究院
建筑工程甲级
证书编号：110111-sj

备注：	

建设单位

工程名称

绿色港湾 F-1 地块

子项	12 号-LC 户型

图纸名称

三层平面图

比例：1：100

工程勘察设计资质.(出图) 专用章

注册师章

类别	签 名
审 定	
审 核	
工程主持人	
工种负责人	
校 对	
设 计	
制 图	

会签栏

建筑		电气	
结构		暖通	
给排水		工艺	

工程编号		图号	5
图别	水施		8
出图日期			

97

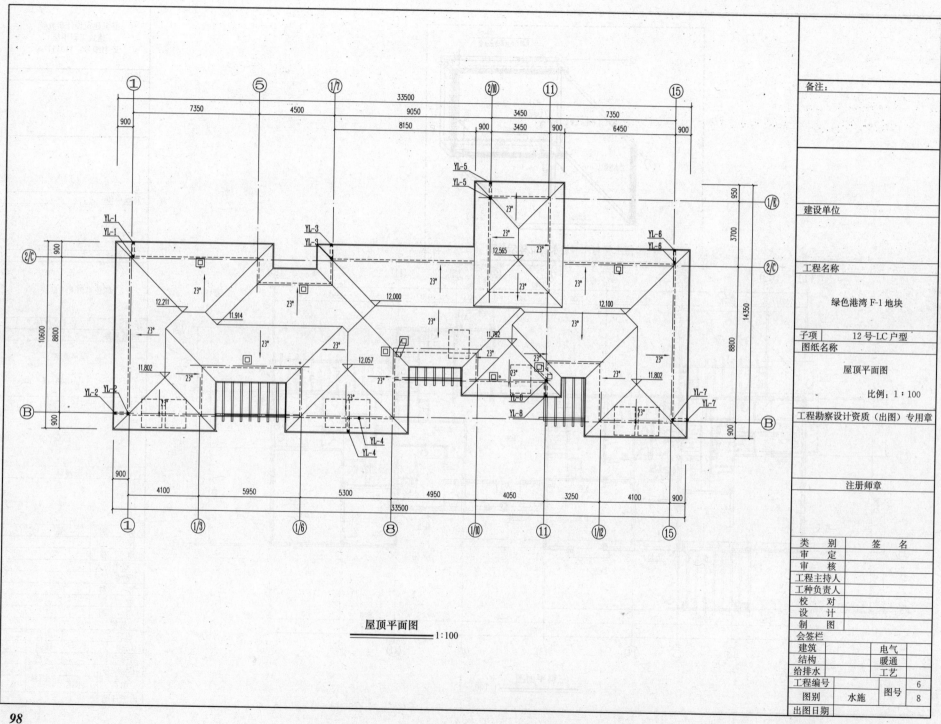

屋顶平面图 1:100

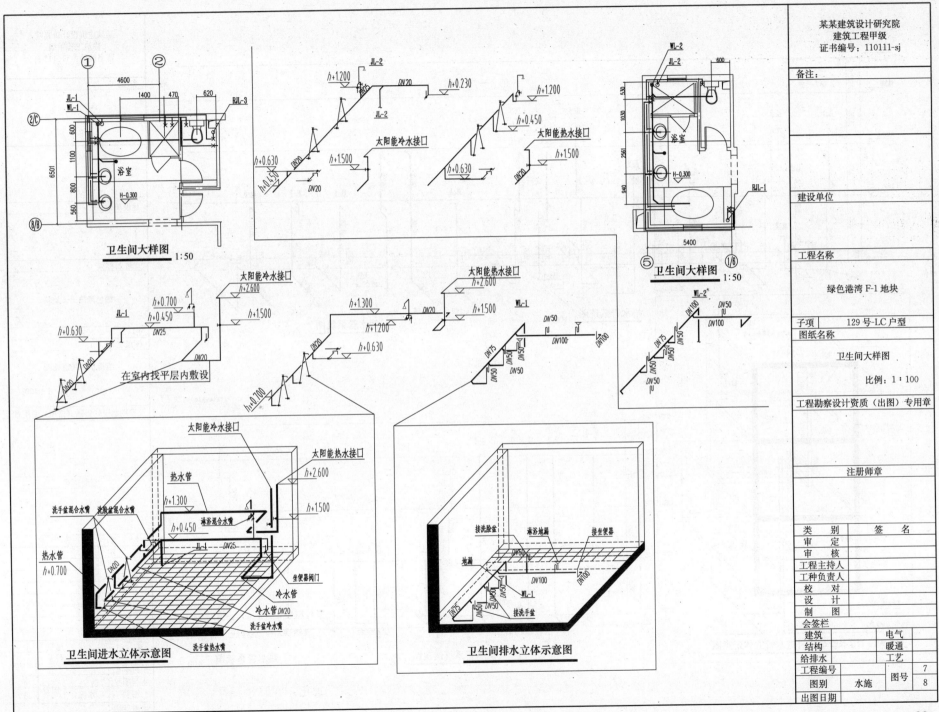

卫生间大样图 1:50

太阳能冷水接口

太阳能热水接口

卫生间大样图 1:50

太阳能冷水接口

太阳能热水接口

在室内找平层内敷设

卫生间进水立体示意图

洗手盆混合水嘴
洗脸盆混合水嘴
淋浴混合水嘴
热水管
冷水管
冷水管 DN20
洗手盆冷水嘴
洗手盆热水嘴
生便器阀门
热水管

卫生间排水立体示意图

接洗脸盆
淋浴地漏
接坐便器
地漏
接洗手盆

某某建筑设计研究院
建筑工程甲级
证书编号：110111-sj

备注：

建设单位

工程名称

绿色港湾 F-1 地块

子项　129 号-LC 户型
图纸名称

卫生间大样图

比例：1：100

工程勘察设计资质（出图）专用章

注册师章

类　别	签　名
审　定	
审　核	
工程主持人	
工种负责人	
校　对	
设　计	
制　图	
会签栏	

建筑		电气	
结构		暖通	
给排水		工艺	

工程编号		图号	7
图别	水施		8
出图日期			

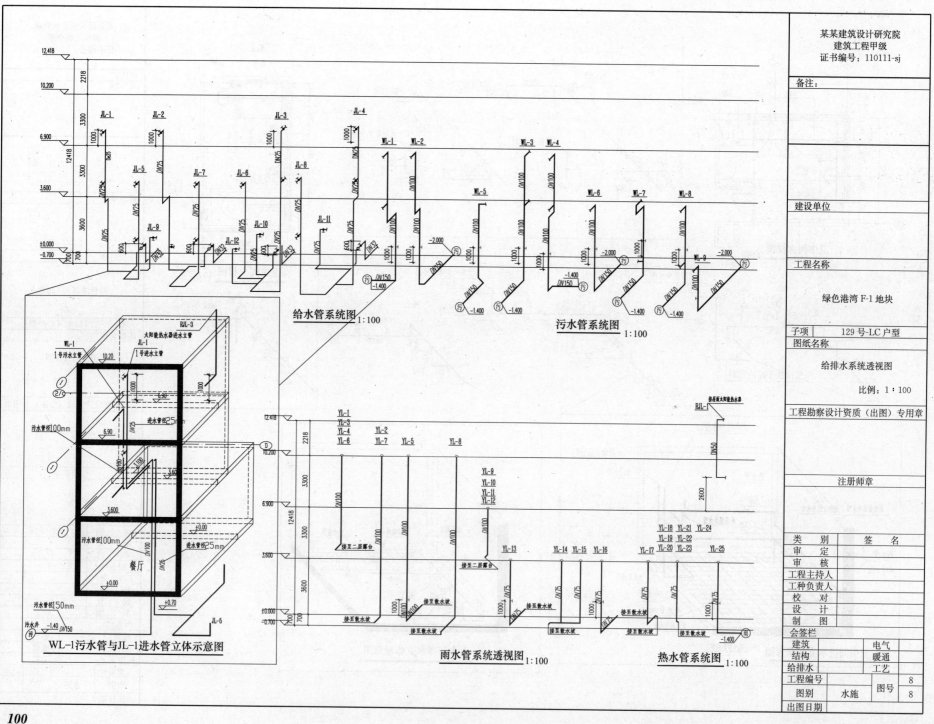

给水管系统图 1:100

污水管系统图 1:100

WL-1污水管与JL-1进水管立体示意图

雨水管系统透视图 1:100

热水管系统图 1:100

某某建筑设计研究院
建筑工程甲级
证书编号：110111-sj

备注：

建设单位	

工程名称	

绿色港湾 F-1 地块

子项	129 号-LC 户型
图纸名称	

给排水系统透视图

比例：1：100

工程勘察设计资质（出图）专用章

注册师章

类 别	签 名
审 定	
审 核	
工程主持人	
工种负责人	
校 对	
设 计	
制 图	
会签栏	

建筑		电气	
结构		暖通	
给排水		工艺	

工程编号			图号	8
图别	水施			8
出图日期				

第4章 某三层住宅楼电气施工图实例导读

设 计 说 明

1. 建筑概况
本电气设计为某某绿色港湾12号-LC户型，建筑层数为地上三层，地下一层。

2. 设计依据
(1)《住宅建筑规范》GB 50368—2005；
(2)《民用建筑电气设计规范》JGJ 16—2008；
(3)《低压配电设计规范》GB 50054—95；
(4)《建筑照明设计标准》GB 50034—2004；
(5) 其他有关国家及地方的规程、规范；
(6) 甲方设计任务书及设计要求；
(7) 各专业提供的设计资料。

3. 设计范围
本子项设计包括以下内容：照明配电系统；防雷及接地系统；有线电视系统；电话系统；网络系统。本子项电源分界点在本楼首层电表箱处。

电信、电视、网络分界点在首层的弱电箱处。

访客对讲系统由专业公司二次深化设计完成。

4. 供电设计
(1) 负荷：本工程为多层普通住宅，住宅按三级负荷供电，每户用电计算负荷为15kW。

电源：本工程由供电部门提供380V电源到户。分组团在室外设置电表箱由变电所直接供电，室外电表箱到各住户采用放射式配电至用户配电箱。

(2) 计费：照明均为低压计费，一户一表。室外设置电表箱。

(3) 本系统为TN-C-S系统，户内总箱处作等电位连接，并与防雷接地共用接地网，接地电阻不大于1Ω。

(4) 本工程所有配电箱尺寸均为参考尺寸，由生产厂家根据设计要求，完成原理图、接线图、盘面布置图、设备材料表、交设计院审核，签字后方可订货加工。

(5) 灯具：厨房、卫生间安装防水防潮型灯具。灯具具体选型由甲方确定，本图中灯具仅为参考。

(6) 每户设照明总箱和分箱，箱内设照明、浴霸、普通插座、厨房插座、卫生间、空调回路。除照明用电回路不经漏电保护开关外，其他均需经漏电开关保护。

(7) 荧光灯采用电子镇流器。客厅灯接线盒内预留灯具安装预埋件。

(8) 地下室灯具、插座回路加PE线保护，平面图中不再详标。

5. 设备安装
(1) 户内配电箱暗装底边距地1.6m（以电箱正下方踏步为准）。

(2) 照明开关暗装，距门边150mm，插座均为安全型插座，厨房、卫生间、阳台内开关、插座均需带防溅盖。相邻强电插座、弱电插座应分别并排安装。

(3) 与设备配套的控制箱、柜，订货前应与设计人员配合。

(4) 其他设备安装高度见图例和平面图。

(5) 表箱前进线电缆选用YJV22-1kV铜芯电力电缆。

(6) 所有户内支线选用BV-500V导线穿PVC硬质阻燃塑料管敷设。

(7) 所有穿过建筑物伸缩缝、沉降缝的管线应按《建筑电气安装工程图集》作伸缩处理。

(8) 所有插座回路支线均参照系统图标注执行，凡未标注照明线路管径均参照常用导线穿管表要求敷设。

6. 防雷设计
(1) 本建筑物按三类防雷建筑设计，在屋顶设暗装避雷带，利用建筑物结构构造柱内主钢筋（ϕ>16mm两根，10<ϕ<16 四根）作为引下线，作为防雷接地引下线的主筋上端与避雷带相连，下端与基础钢筋焊接，同时基础钢筋焊接联通作为接地装置，并在首层四周外墙引下线处距地面−0.5m引出一段1.0m长ϕ16镀锌圆钢，以备外接人工接地极。若测试接地电阻达不到要求可在此处室外加打外附人工接地体，施工按国标02D501-3。

(2) 凡凸出屋面的所有金属构件，金属通风管等均应与避雷带可靠焊接。室外接地凡焊接处均应刷沥青防腐。

(3) 接地：采用TN-C-S系统，户内各回路的PE线与户内总箱内等电位联结端子连接，并与防雷接地共用接地网，要求联合接地电阻不大于1Ω，待接地装置施工完毕后实测接地电阻，若达不到要求可在预留人工接地点处加打外附人工接地体。

(4) 等电位联结：在配电箱安装处设总等电位联结端子板，将楼内的电信设备、采暖管，上下水管等所有进线管及配电箱PE线，接至等电位联结端子板上。卫生间内做局部等电位联结，在每个卫生间洗手盆下设局部电位端子，等电位端子与接地体（本层卫生间地面钢筋网）连接。

(5) 共用电视天线引入端设过电压保护装置，具体施工按系统承包商二次深化设计图施工。

7. 电话系统
(1) 有线电视由室外两根电缆引入，系统采用两个分配器直接配出，客厅、主卧室、次卧室均设电视插座。

(2) 住户分配器置于弱电总箱内，弱电总箱采用暗装，箱底距地0.3m。

(3) 由系统承包商进行二次深化设计及系统调试。

(4) 干线电缆选用SYWV-75-9-SC32，支线电缆选用SYWV-75-5-PVC20，单管单线。

(5) 电视插座一般距地0.3m。

8. 电话系统
(1) 电话进线每户两对，电话插座的数量、位置标准按甲方提供的要求进行设计。

(2) 电话模块置于弱电总箱内，电话插座均暗装，盒底距地0.3m（卫生间1.0m）。

(3) 电话干线采用HYV型电话电缆，穿钢管暗敷设；电话分支线采用PVS-2×0.5mm²，进户穿SC20管敷设。

9. 宽带网
(1) 按甲方要求，本子项预留宽带网系统管线，由承包商二次设计、安装、调试。

(2) 宽带网干线电缆穿钢管敷设，进户穿SC25暗敷设。

(3) 信息插座的数量、位置标准按甲方提供的要求进行设计，信息插座暗装，一般距地0.3m，与电视并排0.6m。

(4) 信息插座离电源插座水平距离为300mm，具体安装见图集02X101-3-026页。集线器（HUB）置于弱电总箱内。

10. 其他
(1) 电气施工应与土建工程密切配合，做好管线预埋。

(2) 配电系统图中的配电箱（小三箱）由于要统一招标，图中所标型号、规格仅供参考，所有电箱均为暗装，但小三箱的箱体要按国家有关标准来制造，箱体的元件要按系统图中的元件选配，电表箱尺寸按供电部门要求产品施工。

(3) 本设计未尽事宜请参照有关国家标准施工。

某某建筑设计研究院
建筑工程甲级
证书编号：110111-sj

备注：	

建设单位

工程名称

绿色港湾 F-1 地块

子项	12号-LC户型

图纸名称

设计说明

比例：1：100

工程勘察设计资质（出图）专用章

注册师章

类 别	签 名
审 定	
审 核	
工程主持人	
工种负责人	
校 对	
设 计	
制 图	

会签栏

建筑	电气
结构	暖通
给排水	工艺

工程编号		1
图别	电施	图号 9

出图日期

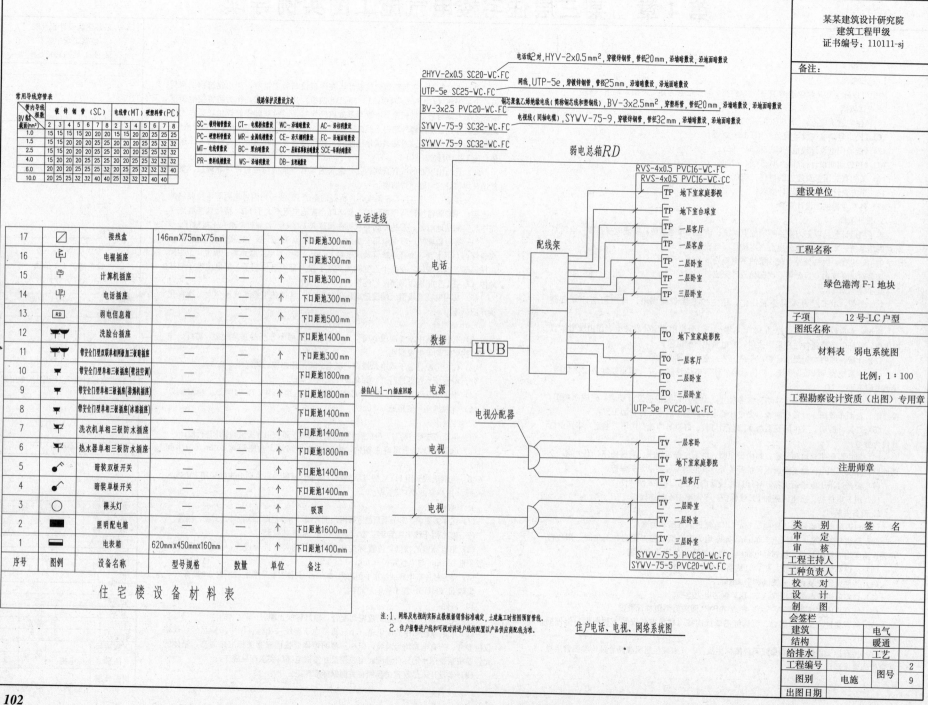

住户电话、电视、网络系统图

住 宅 楼 设 备 材 料 表

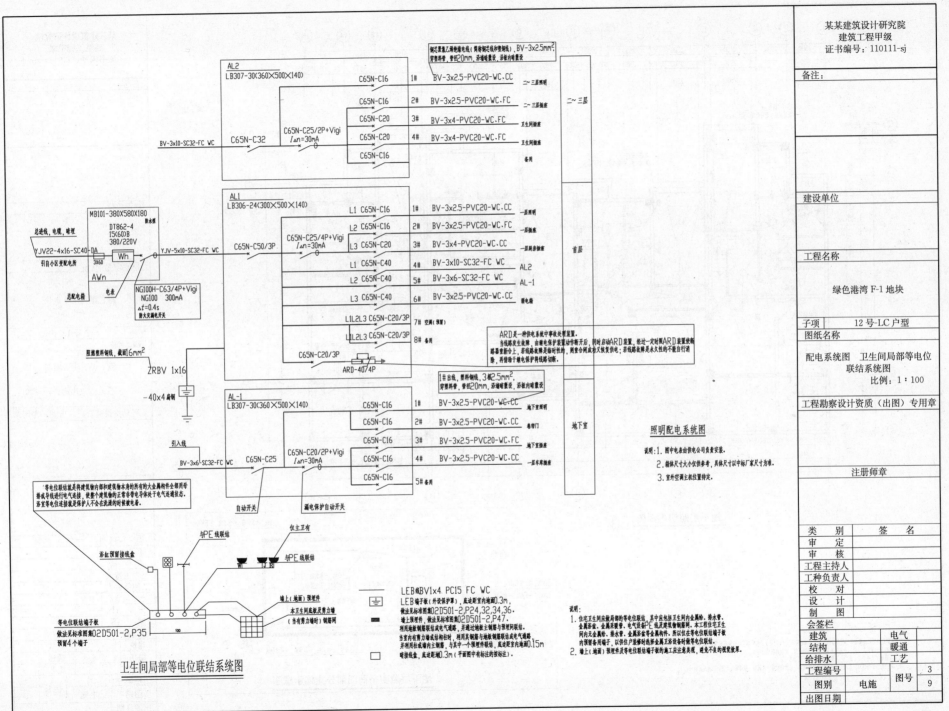

配电系统图

AL2
LB307-30(360×500×140)

钢芯聚氯乙烯绝缘电线 (简称铜芯绝缘钢线) BV-3×2.5mm²,
穿塑料管，管径20mm，沿墙暗设，沿板内暗敷设

C65N-C16	1#	BV-3×2.5-PVC20-WC·CC	二~三层照明
C65N-C16	2#	BV-3×2.5-PVC20-WC·FC	二~三层插座
C65N-C20	3#	BV-3×4-PVC20-WC·FC	卫生间插座
C65N-C20	4#	BV-3×4-PVC20-WC·FC	卫生间插座
C65N-C16			备用

二~三层

C65N-C32
BV-3×10-SC32-FC WC

C65N-C25/2P+Vigi
$I_{\Delta n}$=30mA

AL1
LB306-24(300×500×140)

L1 C65N-C16	1#	BV-3×2.5-PVC20-WC·CC	一层照明
L2 C65N-C16	2#	BV-3×2.5-PVC20-WC·FC	一层插座
L3 C65N-C20	3#	BV-3×4-PVC20-WC·CC	一层厨房插座
L1 C65N-C40	4#	BV-3×10-SC32-FC WC	AL2
L2 C65N-C40	5#	BV-3×6-SC32-FC WC	AL-1
L3 C65N-C40	6#	BV-3×2.5-PVC20-WC·CC	弱电箱
L1L2L3 C65N-C20/3P	7#		空调 (预留)
L1L2L3 C65N-C20/3P	8#		备用

首层

C65N-C25/4P+Vigi
$I_{\Delta n}$=30mA

C65N-C50/3P

C65N-C20/3P

ARD-4074P

ARD是一种供电系统中事故处置装置。
当线路发生故障，由继电保护装置动作断开后，同时启动ARD装置，经过一定时间后ARD装置使断路器重新合上，若线路故障是临时性的，则重合闸成功又恢复供电；若线路故障是永久性的不能自行消除，再借助于继电保护将线路切断。

MB101-380X580X180
DT862-4
15(60)B
380/220V

总进线、电缆、暗埋
YJV22-4×16-SC40-DA

引自小区变配电所

总配电箱
电表
AWn

Wh

YJV-5×10-SC32-FC WC

NG100H-C63/4P+Vigi
NG100 300mA
Δt=0.4s
防火灾漏电开关

防水型

防护型

图脏塑料钢管，截面16mm²

ZRBV 1×16

-40×4扁钢

AL-1
LB307-30(360×500×140)

1#出线，塑料钢线，3根2.5mm²,
穿塑料管，管径20mm，沿墙暗设，沿板内暗敷设

C65N-C16	1#	BV-3×2.5-PVC20-WC·CC	地下室照明
C65N-C16	2#	BV-3×2.5-PVC20-WC·CC	卷帘门
C65N-C16	3#	BV-3×2.5-PVC20-WC·FC	地下室插座
C65N-C16	4#	BV-3×2.5-PVC20-WC·CC	一车库插座
C65N-C16	5#		备用

地下室

引入线
BV-3×6-SC32-FC WC

C65N-C25

C65N-C20/2P+Vigi
$I_{\Delta n}$=30mA

自动开关
漏电保护开关

照明配电系统图

说明：
1. 图中电表由供电公司负责安装。
2. 箱体尺寸大小仅供参考，具体尺寸以中标厂家尺寸为准。
3. 室外空调主机位置待定。

等电位联结就是将建筑物内部和建筑物本身的所有的大金属构件全部用导体或导线进行电气连接，使整个建筑物的正常非带电导体均处于电气连通状态。浴室等电位连接就是保护人不会在洗澡的时候被电着。

浴缸预留接线盒

与PE线联结

仅主卫有

与PE线联结

墙上(地面)预埋件

本卫生间底板反剪力墙
(当有剪力墙时)钢筋网

等电位联结端子板
做法见标准图集02D501-2,P35
预留4个端子

100

LEB线BV1×4 PC15 FC WC
LEB端子板(外设保护)，底边距室内地面0.3m,
做法见标准图集02D501-2,P24,32,34,36.
墙上预埋件，做法见标准图集02D501-2,P47.
利用地板钢筋联结成电气通路，并通过地板连接到预留预埋接线盒。
当室内有剪力墙或结构柱时，利用其钢筋与墙板钢筋联结成电气通路并利用柱或墙的主筋，与其中一个预埋件联结，底边距室内地面0.15m暗接线盒，底边距地面0.3m(平面图中有标注的按标注)。

等电位联结端子板

说明：
1. 住宅卫生间内应做局部的等电位联结，其中应包括卫生间内金属管道、排水管、金属浴缸、金属采暖管、电气设备的PE线及建筑物钢筋网。本工程住宅卫生间内无金属给、排水管、金属采暖管及金属构件，所以仅在等电位联结端子板内预留备用端子，以供住户装修时连接金属设备时做等电位联结。
2. 墙上(地面)预埋件及等电位联结端子板的施工应注意美观，避免不良的视觉效果。

卫生间局部等电位联结系统图

某某建筑设计研究院
建筑工程甲级
证书编号：110111-sj

备注：

建设单位

工程名称

绿色港湾 F-1 地块

子项 | 12 号-LC 户型

图纸名称

配电系统图 卫生间局部等电位
联结系统图
比例：1：100

工程勘察设计资质（出图）专用章

注册师章

类 别	签 名
审 定	
审 核	
工程主持人	
工种负责人	
校 对	
设 计	
制 图	

会签栏

建筑		电气	
结构		暖通	
给排水		工艺	

工程编号			3
图别	电施	图号	9
出图日期			

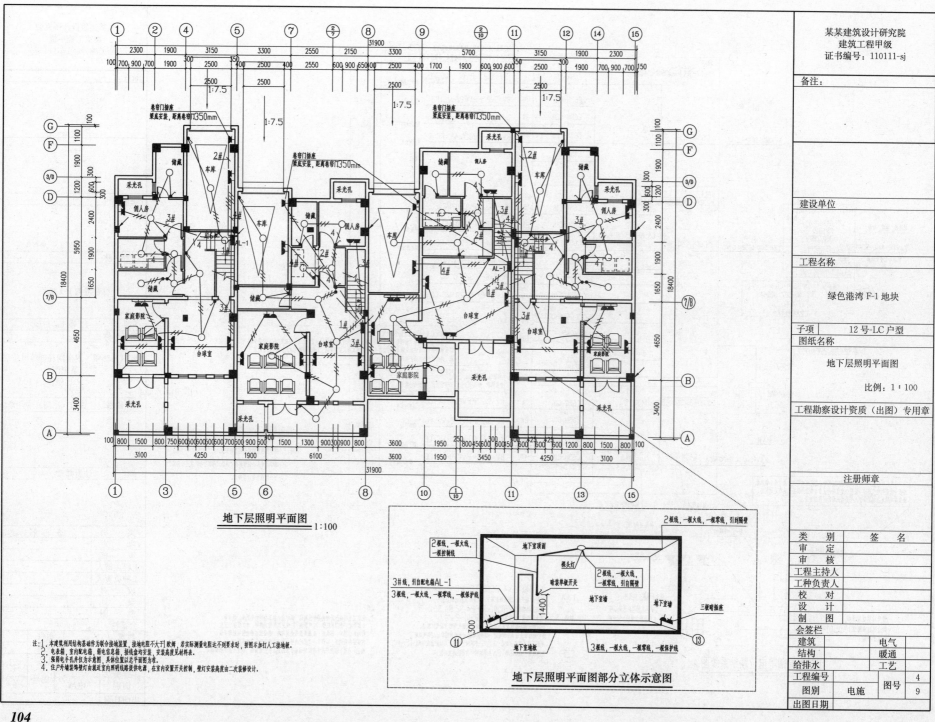

地下层照明平面图 1:100

地下层照明平面图部分立体示意图

注：1.本建筑利用结构基础作为联合接地装置，接地电阻不大于1欧姆，若实际测量电阻达不到要求时，按图示加打人工接地极。
　　2.电表箱、室内配电箱、弱电信息箱、接线盒均安装，安装高度详见材料表。
　　3.强电电手孔井仅为示意图，具体位置以总平面图为准。
　　4.住户外墙装饰壁灯由就近室内照明线路提供电源，在室内设置开关控制，壁灯安装高度由二次装修设计。

某某建筑设计研究院
建筑工程甲级
证书编号：110111-sj

备注：

建设单位

工程名称

绿色港湾 F-1 地块

| 子项 | 12 号-LC 户型 |
图纸名称

地下层照明平面图

比例：1：100

工程勘察设计资质（出图）专用章

注册师章

类　　别	签　　名
审　定	
审　核	
工程主持人	
工种负责人	
校　对	
设　计	
制　图	
会签栏	
建筑	电气
结构	暖通
给排水	工艺

工程编号		4
图别	电施	图号 9
出图日期		

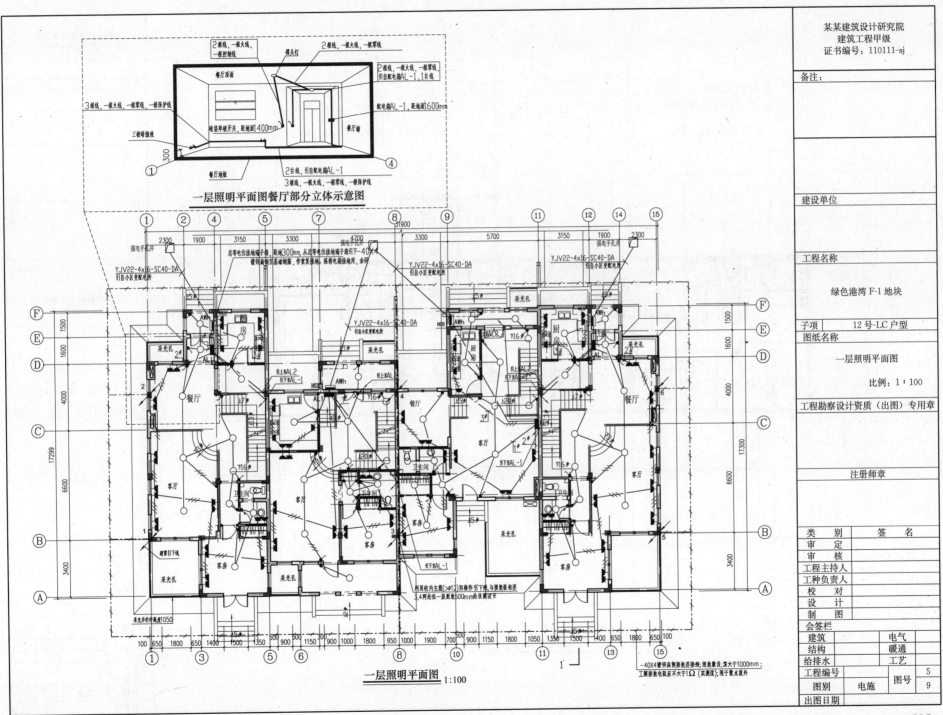

一层照明平面图餐厅部分立体示意图

一层照明平面图 1:100

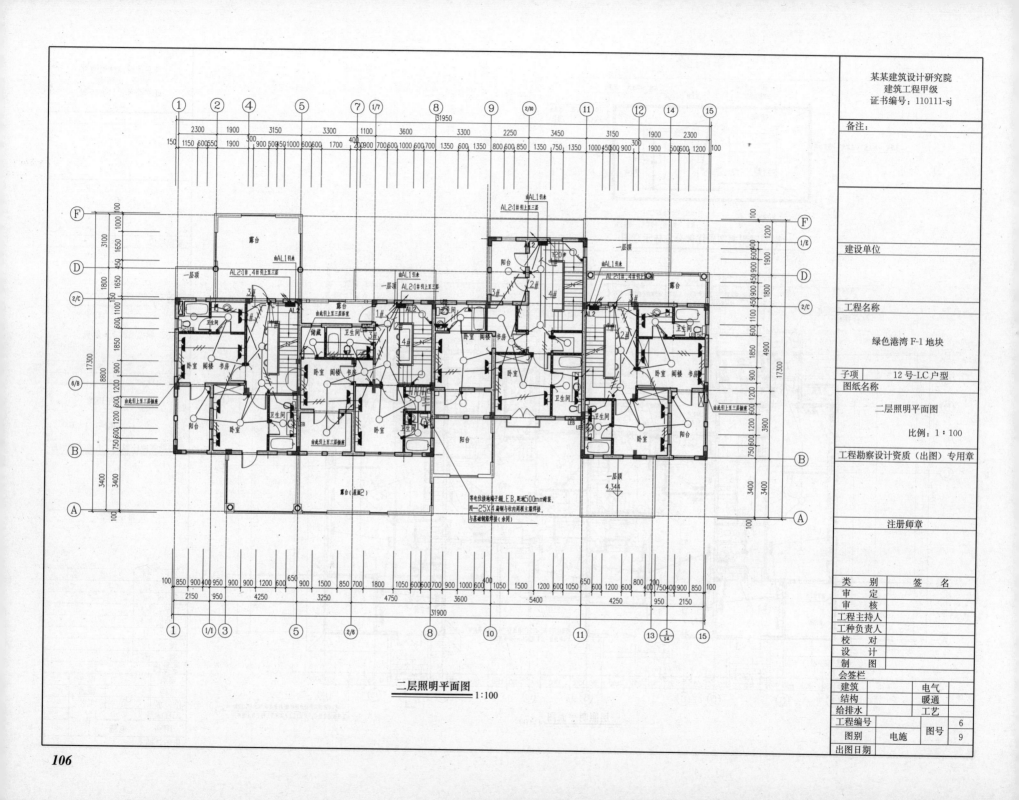

二层照明平面图 1:100

某某建筑设计研究院
建筑工程甲级
证书编号：110111-sj

备注：

建设单位

工程名称

绿色港湾 F-1 地块

子项　12 号-LC 户型

图纸名称

二层照明平面图

比例：1：100

工程勘察设计资质（出图）专用章

注册师章

类　别	签　名	
审　定		
审　核		
工程主持人		
工种负责人		
校　对		
设　计		
制　图		
会签栏		
建筑		电气
结构		暖通
给排水		工艺

工程编号		图号	6
图别	电施		9
出图日期			

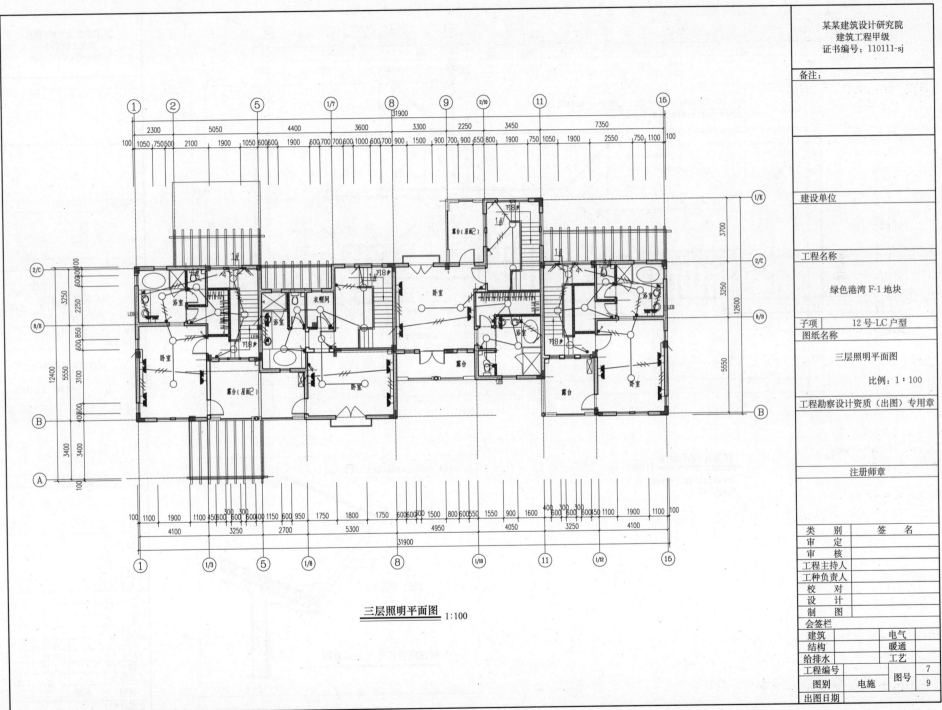

三层照明平面图 1:100

某某建筑设计研究院
建筑工程甲级
证书编号：110111-sj

备注：

建设单位

工程名称

绿色港湾 F-1 地块

子项	12 号-LC 户型
图纸名称	

三层照明平面图

比例：1:100

工程勘察设计资质（出图）专用章

注册师章

类 别	签 名
审 定	
审 核	
工程主持人	
工种负责人	
校 对	
设 计	
制 图	
会签栏	

建筑		电气	
结构		暖通	
给排水		工艺	

工程编号		图号	7
图别	电施		9
出图日期			

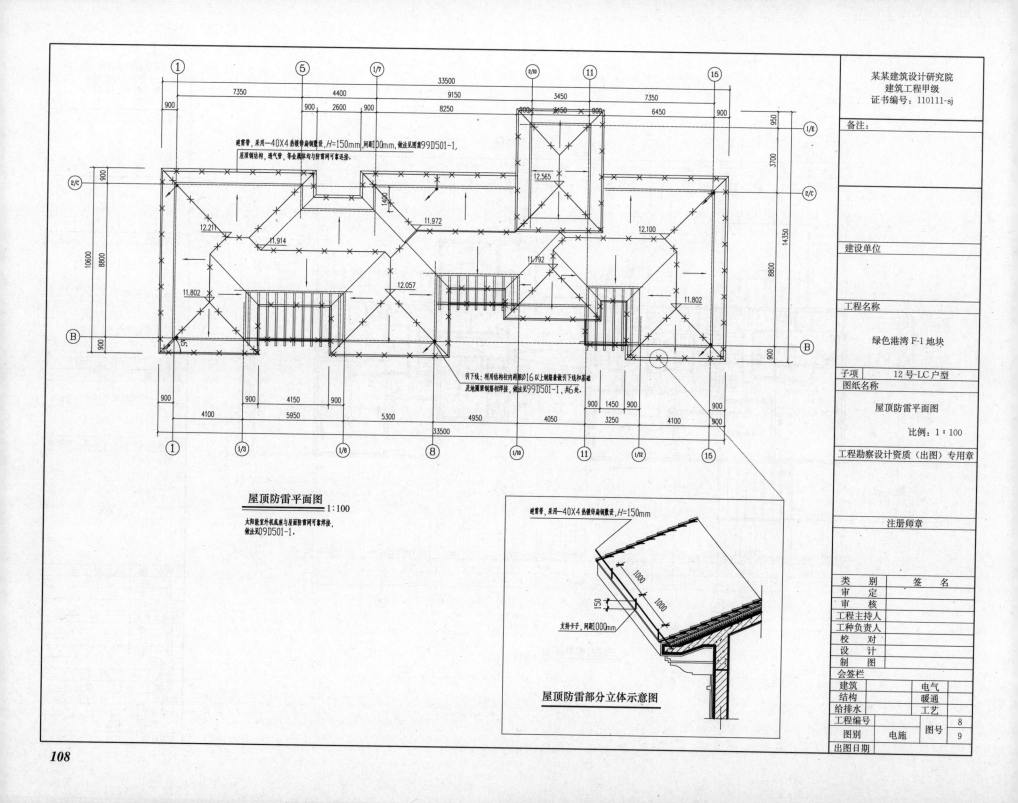

避雷带，采用—40×4热镀锌扁钢敷设，H=150mm，间距1000mm，做法见图集99D501-1，屋顶钢结构、透气管、等金属体均与防雷网可靠连接。

引下线：利用结构柱内两根Ø16以上钢筋兼做引下线和基础及地圈梁钢筋相焊接，做法见99D501-1，共6处。

屋顶防雷平面图 1:100

太阳能室外机底座与屋面防雷网可靠焊接，做法见09D501-1。

避雷带，采用—40×4热镀锌扁钢敷设，H=150mm

支持卡子，间距1000mm

屋顶防雷部分立体示意图

某某建筑设计研究院
建筑工程甲级
证书编号：110111-sj

备注：

建设单位

工程名称

绿色港湾 F-1 地块

子项　12号-LC户型

图纸名称

屋顶防雷平面图

比例：1：100

工程勘察设计资质（出图）专用章

注册师章

类　别	签　名	
审　定		
审　核		
工程主持人		
工种负责人		
校　对		
设　计		
制　图		

会签栏

建筑		电气	
结构		暖通	
给排水		工艺	
工程编号			8
图别	电施	图号	9
出图日期			

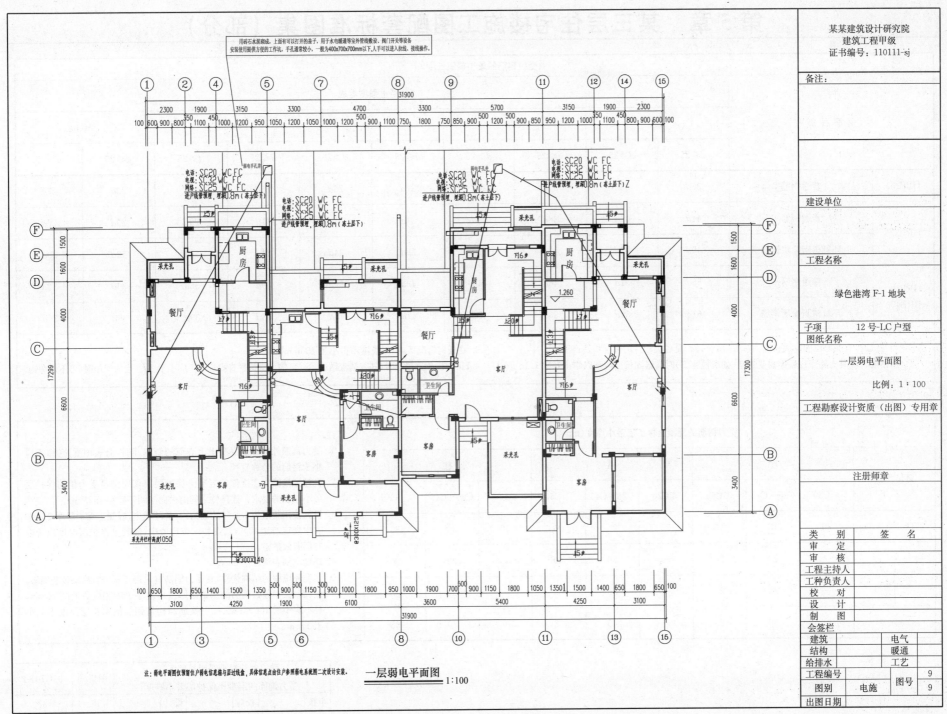

用砖石水泥砌成，上面有可以打开的盖子，用于水电暖通等室外管线敷设、阀门开关等设备
安装使用提供方便的工作坑，手孔通常较小，一般为400x700x700mm以下，人手可以进入进行拉线、接线操作。

电话：SC20 WC FC
电视：SC32 WC FC
网络：SC25 WC FC
进户线管预埋，埋深0.8m(素土层下)

电话：SC20 WC FC
电视：SC32 WC FC
网络：SC25 WC FC
进户线管预埋，埋深0.8m(素土层下)

电话：SC20 WC FC
电视：SC32 WC FC
网络：SC25 WC FC
进户线管预埋，埋深0.8m(素土层下)Z

弱电手孔井

厨房

采光孔

采光孔

餐厅

客厅

卫生间

客房

采光孔

餐厅

客厅

卫生间

客房

采光孔

厨房

餐厅

客厅

卫生间

客房

采光孔

注：弱电平面图仅预留智能住户弱电信息箱与层过线盒，具体信息点由住户参照弱电系统图二次设计安装。

一层弱电平面图 1:100

某某建筑设计研究院
建筑工程甲级
证书编号：110111-sj

备注：

建设单位

工程名称

绿色港湾 F-1 地块

子项　12 号-LC 户型

图纸名称

一层弱电平面图

比例：1：100

工程勘察设计资质（出图）专用章

注册师章

类别	签　名
审　定	
审　核	
工程主持人	
工种负责人	
校　对	
设　计	
制　图	

会签栏

建筑		电气	
结构		暖通	
给排水		工艺	

工程编号		图号	9
图别	电施		9
出图日期			

第5章 某三层住宅楼施工图配套标准图集（部分）

受拉钢筋的最小锚固长度 L_a

钢筋种类		混凝土强度等级									
		C20		C25		C30		C35		≥C40	
		$d \leq 25$	$d > 25$	$d \leq 25$	$d > 25$	$d \leq 25$	$d > 25$	$d \leq 25$	$d > 25$	$d \leq 25$	$d > 25$
HPB235	普通钢筋	36d	33d	31d	28d	27d	25d	25d	23d	23d	21d
HRB335	普通钢筋	44d	41d	38d	35d	34d	31d	31d	29d	29d	26d
HRB335	环氧树脂涂层钢筋	49d	45d	42d	39d	38d	34d	34d	34d	32d	29d
HRB400 RRB400	普通钢筋	55d	51d	48d	44d	43d	39d	39d	36d	36d	33d
HRB400 RRB400	环氧树脂涂层钢筋	61d	56d	53d	48d	47d	43d	43d	39d	39d	36d

注：1. 当弯锚时，有些部位的锚固长度为 $\geq 0.4L_a + 15d$，见各类构件的标准构造产图。　　3. 在任何情况下，锚固长度不得小于250mm。

2. 当钢筋在混凝土施工过程中易受扰动（如滑模施工）时其锚固长度应乘以修正系数1.1。　　4. HPB235钢筋受拉时，其末端应做成180°弯钩。弯钩平直段长度不应小于3d。当为受压时，可不做弯钩。

受力钢筋的混凝土保护层最小厚度(mm)

环境类别		墙			梁			柱		
		≤C20	C25~C45	≥C50	≤C20	C25~C45	≥C50	≤C20	C25~C45	≥C50
一		20	15	15	30	25	25	30	30	30
二	a	—	20	20	—	30	30	—	30	30
二	b	—	25	20	—	35	30	—	35	30
三		—	30	25	—	40	35	—	40	35

注：
1. 受力钢筋外边缘至混凝土上表面的距离，除符合表中规定外，不应小于钢筋的公称直径。
2. 机械连接接头连接件的混凝土保护层厚度应满足受力钢筋保护层最小厚度的要求。连接件之间的横向净距不宜小于25mm。
3. 设计使用年限为100年的结构：一类环境中，混凝土保护层厚度应按表中规定增加40%；二类和三类环境中，混凝土保护层厚度应采取专门有效措施。
4. 环境类别表详见第35页。
5. 三类环境中的结构构件，其受力钢筋宜采用环氧树脂涂层带肋钢筋。
6. 板、墙、壳中分布钢筋的保护层厚度不应小于表相应数值减10mm，且不应小于10mm；梁、柱中箍筋和构造钢筋的保护层厚度不应小于15mm。

受拉钢筋最小锚固长度 L_a 受力钢筋的混凝土保护层最小厚度		图集号	03G101-1
审核	校对	设计	页 33

受拉钢筋抗震锚固长度 L_{aE}											
混凝土强度等级与抗震等级			C20		C25		C30		C35		≥C40	
钢筋种类与直径			一、二级抗震等级	三级抗震等级	一、二级抗震等级	三级抗震等级	一、二级抗震等级	三级抗震等级	一、二级抗震等级	三级抗震等级	一、二级抗震等级	三级抗震等级
HPB235	普通钢筋		$36d$	$33d$	$31d$	$28d$	$27d$	$25d$	$25d$	$23d$	$23d$	$21d$
HRB335	普通钢筋	$d≤25$	$44d$	$41d$	$38d$	$35d$	$34d$	$31d$	$31d$	$29d$	$29d$	$26d$
		$d>25$	$49d$	$45d$	$42d$	$39d$	$38d$	$34d$	$34d$	$34d$	$32d$	$29d$
	环氧树脂涂层钢筋	$d≤25$	$55d$	$51d$	$48d$	$44d$	$43d$	$39d$	$39d$	$36d$	$36d$	$33d$
		$d>25$	$61d$	$56d$	$53d$	$48d$	$47d$	$43d$	$43d$	$39d$	$39d$	$36d$
HRB400 RRB400	普通钢筋	$d≤25$	$53d$	$49d$	$46d$	$42d$	$41d$	$37d$	$37d$	$34d$	$34d$	$34d$
		$d>25$	$58d$	$53d$	$51d$	$46d$	$45d$	$41d$	$41d$	$38d$	$38d$	$34d$
	环氧树脂涂层钢筋	$d≤25$	$66d$	$61d$	$57d$	$53d$	$51d$	$47d$	$47d$	$43d$	$43d$	$39d$
		$d>25$	$73d$	$67d$	$63d$	$58d$	$56d$	$51d$	$51d$	$47d$	$47d$	$43d$

注：1. 四级抗震等级，$L_{aE}=L_a$，其值见前一页。

2. 当弯锚时，有些部位的锚固长度为 $≥0.4L_{aE}+15d$，见各类构件的标准构造详图。

3. 当 HRB335、HRB400 和 RRB400 级纵向受拉钢筋末端采用机械锚固措施时，包括附加锚固端头在内的锚固长度可取为本图集第 33 页和本页表中锚固长度的 0.7 倍。机械锚固的形式及

构造要求详见本图集第 35 页。

4. 当钢筋在混凝土施工过程中易受扰动(如滑模施工)时，其锚固长度应乘以修正系数 1.1。

5. 在任何情况下，锚固长度不得小于 250mm。

纵向受拉钢筋绑扎搭接长度 L_{1E}、L_1	
抗 震	非 抗 震
$L_{1E}=\zeta L_{aE}$	$L_1=\zeta L_a$

注：
1. 当不同直径的钢筋搭接时，其 L_{1E} 与 L_1 值按较小的直径计算。
2. 在任何情况下 L_1 不得小于 300mm。
3. 式中 ζ 为搭接长度修正系数。

纵向受拉钢筋搭接长度修正系数 ζ			
纵向钢筋搭接接头面积百分率(%)	≤25	50	100
ζ	1.2	1.4	1.6

纵向受拉钢筋抗震锚固长度 L_{aE} 纵向受拉钢筋搭接长度 L_{1E}、L_1	图集号	03G101-1
审核 　校对 　设计	页	34

混凝土结构的环境类别	
环 境 类 别	条 件
一	室内正常环境
二 a	室内潮湿环境,非严寒和非寒冷地区的露天环境、与无侵蚀性的水或土壤直接接触的环境
二 b	严寒和寒冷地区的露天环境、与无侵蚀性的水或土壤直接接触的环境
三	使用除冰盐的环境,严寒和寒冷地区冬季水位变动的环境;滨海室外环境
四	海水环境
五	受人为或自然的侵蚀性物质影响的环境

注:严寒和寒冷地区的划分符合国家现行标准《民用建筑热工设计规范》JGJ 24 的规定。

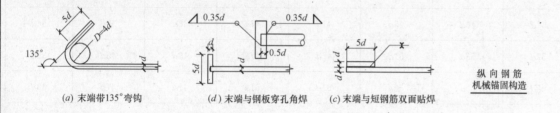

(a) 末端带135°弯钩   (d) 末端与钢板穿孔角焊   (c) 末端与短钢筋双面贴焊

纵 向 钢 筋
机 械 锚 固 构 造

注:1. 当采用机械锚固措施时,包括附加锚固端头在内的锚固长度:抗震可为 $0.7L_{aE}$,非抗震可为 $0.7L_a$。

2. 机械锚固长度范围内的箍筋不应少于 3 个,其直径不应小于纵向钢筋直径的 0.25 倍,其间距不应大于纵向钢筋的 5 倍。当纵向钢筋的混凝土保护层厚度不小于钢筋直径的 5 倍时可不配置上述箍筋。

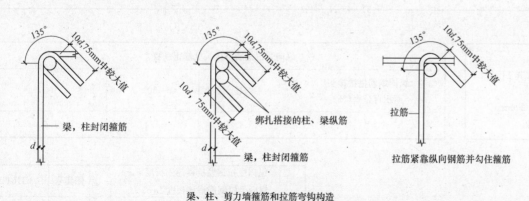

梁、柱、剪力墙箍筋和拉筋弯钩构造

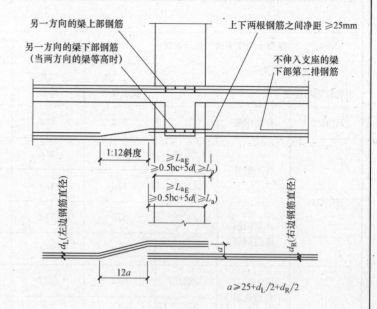

$a \geq 25+d_L/2+d_R/2$

梁中间支座下部钢筋构造

(括号内的非抗震框架梁下部纵筋的锚固长度)

注:1. 梁中间支座下部钢筋构造,是在支座两边应有一排梁纵筋均伸入支座锚固的情况下,为保证相邻纵筋在支座内上下左右彼此之间的净距均满足规范要求和保证节点部位钢筋混凝土的浇注质量所采取的构造措施。

2. 梁中间支座下部钢筋构造同样适用于非框架梁,当用于非框架梁时,下部钢筋的锚固长度详见本图集相应的非框架梁构造及其说明。

3. 当梁(不包括框支梁)下部第二排钢筋不伸入支座时,设计者如果在计算中考虑充分利用纵向钢筋的抗压强度,则在计算时须减去不伸入支座的第一部分钢筋面积。

钢筋机械锚固构造 梁中间支座下部钢筋构造 箍筋及拉筋弯钩构造 混凝土结构的环境类别		图集号	03G101
审核	校对	设计	页	35

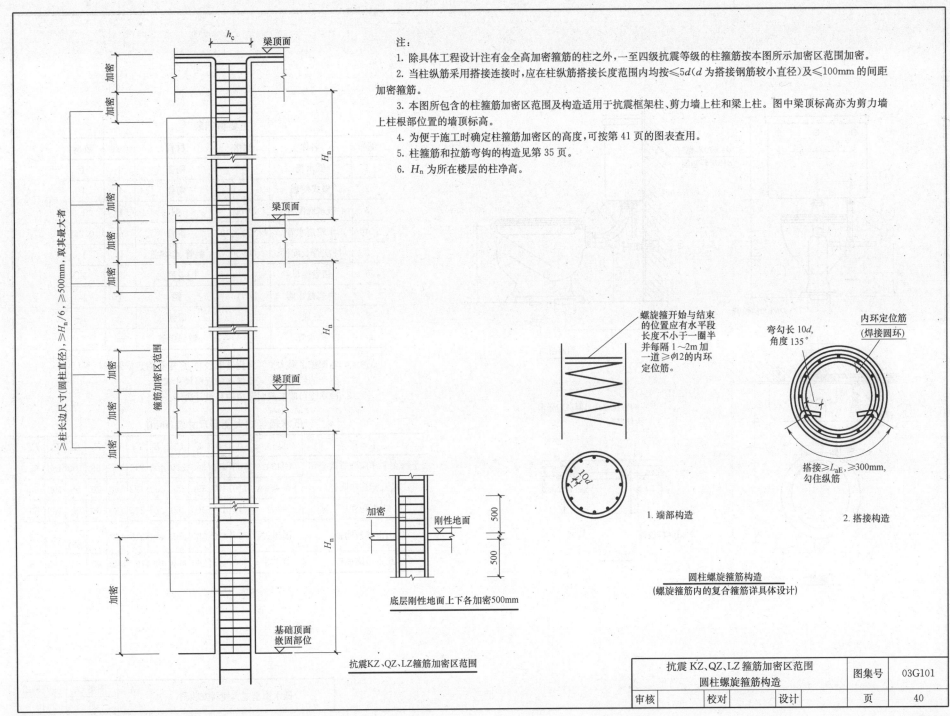

注：

1. 除具体工程设计注有全高加密箍筋的柱之外，一至四级抗震等级的柱箍筋按本图所示加密区范围加密。

2. 当柱纵筋采用搭接连接时，应在柱纵筋搭接长度范围内均按≤5d(d为搭接钢筋较小直径)及≤100mm的间距加密箍筋。

3. 本图所包含的柱箍筋加密区范围及构造适用于抗震框架柱、剪力墙上柱和梁上柱。图中梁顶标高亦为剪力墙上柱根部位置的墙顶标高。

4. 为便于施工时确定柱箍筋加密区的高度，可按第41页的图表查用。

5. 柱箍筋和拉筋弯钩的构造见第35页。

6. H_n为所在楼层的柱净高。

梁顶面

h_c

加密

加密

加密

H_n

梁顶面

加密

加密

H_n

箍筋加密区范围

≥柱长边尺寸(圆柱直径)，≥H_n/6，≥500mm，取其最大者

加密

加密

梁顶面

加密

加密

H_n

加密

基础顶面嵌固部位

抗震KZ、QZ、LZ箍筋加密区范围

加密

刚性地面

500

500

底层刚性地面上下各加密500mm

螺旋箍开始与结束的位置应有水平段长度不小于一圈半并每隔1～2m加一道≥ϕ12的内环定位筋。

弯勾长10d，角度135°

内环定位筋(焊接圆环)

10d

搭接≥L_{aE}，≥300mm，勾住纵筋

1. 端部构造

2. 搭接构造

圆柱螺旋箍筋构造
(螺旋箍筋内的复合箍筋详具体设计)

抗震 KZ、QZ、LZ 箍筋加密区范围 圆柱螺旋箍筋构造	图集号	03G101
审核　　　校对　　　设计	页	40

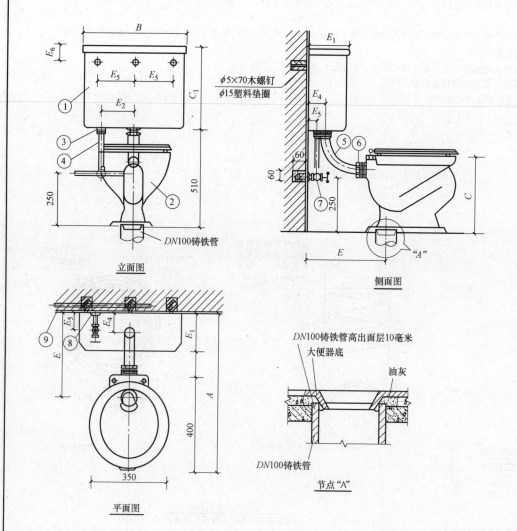

立面图

平面图

侧面图

φ5×70木螺钉
φ15塑料垫圈

DN100铸铁管

DN100铸铁管高出面层10毫米
大便器底
油灰
DN100铸铁管

节点"A"

主要材料表

编号	名称	规格	材料	单位	数量
1	低水箱		陶瓷	个	1
2	坐式便器		陶瓷	个	1
3	进水阀配件	DN15	铜	套	1
4	水箱进水管	DN12×15	铜管	m	0.26
5	冲洗管及配件	DN50	铜管、塑料管	套	1
6	锁紧螺母		铜或尼龙	套	1
7	角式截止阀	DN15	铜	个	1
8	三通		锻铁	个	1
9	冷水管		镀锌钢管	m	

说明：1. 本图按上海太平洋陶瓷有限公司、广东石湾建华陶瓷厂等厂
　　　　生产的裙箱虹吸式坐便器的规格尺寸编制。
　　　2. 冷水管可暗装或明装由项目设计决定。

低水箱坐式大便器尺寸装(mm)

生产厂	型号	A	B	C	C₁	E	E₁	E₂	E₃	E₄	E₅	E₆
上海太平洋陶瓷有限公司	CH501	760	480	360	370	400	215	165	65	100	180	65
广东石湾建华陶瓷厂	JW-460A	710	470	390	358	300	192	150	70	96	190	50
唐山陶瓷厂	8701	740	455	360	360	370	205	130	60	90	180	65
唐山市建筑陶瓷厂	福州式	760	475	360	355	400	215	130	60~70	90~100	180	75
北京市陶瓷厂	B-808	760	418	360	400	400	195	1485	60	80	180	76

低水箱坐式大便器安装图(一)	图集号	90S342
	页	48

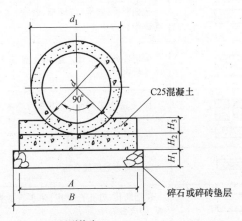

甲型基础

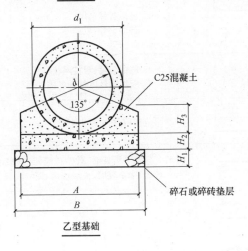

乙型基础

管道基础尺寸表

项目	管内径 d(mm)	管外径 d_1(mm)	上层宽 A(mm)	下层宽 B(mm)	上层高 H_2(mm)	下层高 H_1(mm)	甲型基础边垫高 H_3(mm)	甲型基础混凝土截面积(m²)	乙型基础边垫高 H_3(mm)	乙型基础混凝土截面积(m²)
1	200	248	268	0	100	0	36	0.032	7	0.036
2	250	308	328	0	100	0	45	0.041	95	0.046
3	300	368	388	388	100	100	54	0.050	114	0.054
4	350	430	450	450	100	100	63	0.060	133	0.059
5	400	492	512	512	120	120	72	0.081	152	0.092
6	450	556	576	576	120	120	81	0.094	172	0.108
7	500	620	640	640	120	120	91	0.108	190	0.124
8	550	680	706	706	120	120	100	0.122	212	0.142
9	600	744	764	774	120	150	110	0.135	230	0.160

说明:
1. 本图适用于 $d \leqslant 600$mm 排水管道,管顶覆土 0.7~2.5m。
2. 土质良好时,下层碎石或碎砖垫层可取消。
3. 当施工过程中需在 H_2 层面处留施工缝时,则在继续施工时应将间歇面凿毛刷净,以使整个管基结为一体。

校 对		排水管道基础	分类号	皖 90S107
设 计			页	1—1
制 图			(分图号)	

115

附录1 常用建筑材料图例

序号	名称	图例	说 明	序号	名称	图例	说 明
1	自然土壤		包括各种自然土壤	15	纤维材料		包括矿棉、岩棉、玻璃棉、麻丝、木丝板、纤维板等
2	夯实土壤		—	16	泡沫塑料材料		包括聚苯乙烯、聚乙烯、聚氨酯等多孔聚合物类材料
3	砂、灰土		—	17	木材		1. 上图为横断面,左上图为垫木、木砖或木龙骨 2. 下图为纵断面
4	砂砾石、碎砖三合土		—	18	胶合板		应注明为×层胶合板
5	石材		—	19	石膏板		包括圆孔、方孔石膏板、防水石膏板、硅钙板、防火板等
6	毛石		—	20	金属		1. 包括各种金属 2. 图形小时,可涂墨
7	普通砖		包括实心砖、多孔砖、砌块等砌体。断面较窄不易绘出图例线时,可涂红,并在图纸备注中加注说明,画出该材料的图例	21	网状材料		1. 包括金属、塑料网状材料 2. 应注明具体材料名称
8	耐火砖	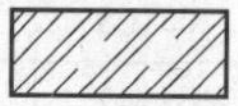	包括耐酸砖等砌体	22	液体		应注明具体液体名称
9	空心砖	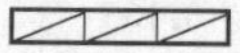	指非承重砖砌体	23	玻璃		包括平板玻璃、磨砂玻璃、夹丝玻璃、钢化玻璃、中空玻璃、夹层玻璃、镀膜玻璃等
10	饰面砖		包括铺地砖、马赛克、陶瓷锦砖、人造大理石等	24	橡胶		—
11	焦渣、矿渣	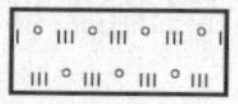	包括与水泥、石灰等混合而成的材料	25	塑料		包括各种软、硬塑料及有机玻璃等
12	混凝土		1. 本图例指能承重的混凝土及钢筋混凝土 2. 包括各种强度等级、骨料、添加剂的混凝土 3. 在剖面图上画出钢筋时,不画图例线 4. 断面图形小,不易画出图例线时,可涂墨	26	防水材料		构造层次多或比例大时,采用上图例
13	钢筋混凝土			27	粉刷		本图例采用较稀的点
14	多孔材料		包括水泥珍珠岩、沥青珍珠岩、泡沫混凝土、非承重加气混凝土、软木蛭石制品等				

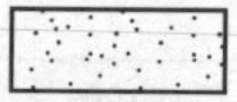

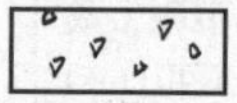

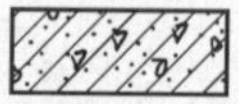

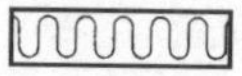

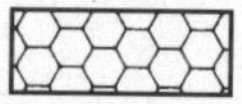

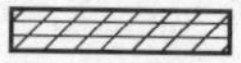

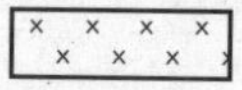

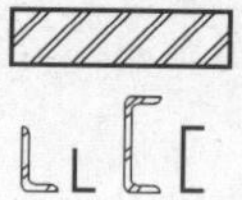

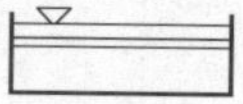

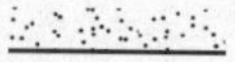

注:序号1、2、5、7、8、13、14、16、17、18图例中的斜线、短斜线、交叉斜线等均为45°。

名　称	图　例	名　称	图　例	名　称	图　例
楼梯		通风道		旋转门	
检查孔		新建的墙和窗		单层固定窗	
孔洞				单层外开平天窗	
墙预留洞	宽×高或φ 标高 宽×高或φ×深 标高	空洞门		左右推拉窗	
		单扇门		单层外开上悬窗	
		双扇门		入口坡道	
烟道		双扇推拉门		桥式起重机	$G_n=t$ $S=m$
		单扇弹簧门		电梯	
		双扇弹簧门			

附录3　常用结构构件代号

序号	名称	代号	序号	名称	代号	序号	名称	代号
1	板	B	15	吊车梁	DL	29	基础	J
2	屋面板	WB	16	圈梁	QL	30	设备基础	SJ
3	空心板	KB	17	过梁	GL	31	桩	ZH
4	槽形板	CB	18	连系梁	LL	32	柱间支撑	ZC
5	折板	ZB	19	基础梁	JL	33	垂直支撑	CC
6	密肋板	MB	20	楼梯梁	TL	34	水平支撑	SC
7	楼梯板	TB	21	檩条	LT	35	梯	T
8	盖板或沟盖板	GB	22	屋架	WJ	36	雨篷	YP
9	挡雨板或檐口板	YB	23	托架	TJ	37	阳台	YT
10	吊车安全走道板	DB	24	天窗架	GJ	38	梁垫	LD
11	墙板	QB	25	框架	KJ	39	预埋件	M
12	天沟板	TGB	26	刚架	GJ	40	天窗端壁	TD
13	梁	L	27	支架	ZJ	41	钢筋网	W
14	屋面梁	WL	28	柱	Z	42	钢筋骨架	G

附录4　常用给水排水工程图例

名　称	图　例	名　称	图　例
生活给水管	—— J ——	存水弯	
污水管	—— W ——	截止阀	DN≥50　　DN<50
水嘴	平面　　系统	洗脸盆	
室外消火栓		清扫口	平面　　系统
通气帽	成品　　铅丝球		

名　称	图　例	名　称	图　例
止回阀		水泵接合器	
球阀		圆形地漏	平面　　系统
盥洗槽		自动冲水箱	
方沿浴盆		室内消火栓(双口)	平面　　系统
拖布盆		卧式水泵	平面　　系统
壁挂式小便器			
小便槽		管道清扫口	平面　　系统
蹲式大便器			
坐式大便器		室内消火栓(单口)	平面　　系统
淋浴喷头			

附录5　常用电气、照明和电信平面布置图例

名　称	图　例	名　称	图　例	名　称	图　例
多种电源配电箱(屏)		暗装单相两线插座		事故照明配电箱(屏)	
照明配电箱		暗装单相带接地插座		壁龛交接箱	
断路器		暗装三相带接地插座		室内分线盒	
隔离开关		明装单相两线插座		单极拉线开关	
灯或信号灯的一般符号		明装单相带接地插座		明装单极开关	
防水防尘灯		暗装三相带接地插座		暗装单极开关	
荧光灯一般符号		防爆三相插座		明装二级开关	
三管荧光灯		向上配线		暗装二极开关	
五管荧光灯		向下配线		定时开关	
防爆荧光灯		垂直通过配线		钥匙开关	

附录6　常用电气设备文字符号

设备、装置和元器件种类	举　例		基本文字符号	
	中文名称	英文名称	单字母	双字母
组件部分	分离元件放大器 激光器 调节器	Amplifier using discrete components Laser Regulator	A	
	本表其他地方未提及的组件、部件			
	电桥	Bridge		AB
	晶体管放大器	Transistor amplifier		AD
	集成电路放大器	Integrated circuit amplifier		AJ
	磁放大器	Magnetic amplifier		AM
	电子管放大器	Valve amplifier		AV
	印制电路板	Printed circuit board		AP
	抽屉柜	Drawer		AT
	支架盘	Rack		AR
	天线放大器	Antenna amplifier		AA
	频道放大器	Channel amplifier		AC
	控制屏(台)	Control panel(desk)		AC
	电容器屏	Capacitor panel		AC
	应急配电箱	Emergency distribution box		AE
	高压开关柜	High voyage switch gear		AH
	前端设备	Headed equipment(Head end)		AH
	刀开关箱	Knife switch board		AK
	低压配电屏	Low voltage distribution panel		AL
	照明配电箱	Illumination distrbution board		AL
	线路放大器	Line amplifier		AL
	自动重合闸装置	Automatic recloser		AR
	仪表柜	Instrument cubicle		AS
	模拟信号板	Map(Mimic)board		AS
	信号箱	Signal box(board)		AS
	稳压器	Stabilizer		AS
	同步装置	Syncronizer		AS
	接线箱	Connecting box		AW
	插座箱	Socket box		AX
	动力配电箱	Power distribution board		AP

参 考 文 献

1　中华人民共和国建设部. 房屋建筑制图统一标准 GB/T 50001—2010. 北京：中国计划出版社，2011.

2　中华人民共和国建设部. 总图制图标准 GB/T 50103—2010. 北京：中国计划出版社，2011.

3　中华人民共和国建设部. 建筑制图标准 GB/T 50104—2010. 北京：中国计划出版社，2011.

4　中华人民共和国建设部. 建筑结构制图标准 GB/T 50105—2010. 北京：中国计划出版社，2011.

5　中华人民共和国建设部. 建筑给水排水制图标准 GB/T 50106—2010. 北京：中国计划出版社，2011.

6　中华人民共和国建设部. 混凝土结构设计规范 GB/T 50010—2010. 北京：中国建筑工业出版社，2012.

7　中国标准出版社. 电气简图用图形符号国家标准汇编. 北京：中国标准出版社，2011.

8　中国建筑标准设计研究所. 混凝土结构施工图平面整体表示方法制图规则和构造详图 01G101-1. 北京：中国建筑标准设计研究所，2006.

9　安徽省工程建设标准设计办公室. 饰面 DBJT11-13 皖 93J-301. 合肥：安徽省工程建设标准设计办公室，1993.

10　安徽省工程建设标准设计办公室. 给排水工程标准图集 DBJT11-37 皖 90S101-107. 合肥：安徽省工程建设标准设计办公室，1990.

11　安徽省工程建设标准设计办公室. 砖砌化粪池图集 DBJT11-36 皖 94S401. 合肥：安徽省工程建设标准设计办公室，1994.

12　中国建筑标准设计研究所. 混凝土结构施工图平面整体表示方法制图规则和构造详图 03G101-1. 北京：中国建筑标准设计研究所，2003.

13　上海市民用建筑设计院. 给水排水标准图集 JSJT-158.90S342. 北京：中国建筑标准设计研究所，1990.